中小学财经普及读本

# "穷"学生
# "富"学生

李晶／编著

中州古籍出版社

**图书在版编目(CIP)数据**

"穷"学生"富"学生/李晶编著. —郑州：
中州古籍出版社, 2013.12
ISBN 978 - 7 - 5348 - 4519 - 2

Ⅰ.①穷… Ⅱ.①李… Ⅲ.①财务管理—青年读物
②财务管理—少年读物 Ⅳ.①TS976.15 - 49

中国版本图书馆 CIP 数据核字(2013)第 300943 号

出　版　社：中州古籍出版社
　　　　　　　(地址：郑州市经五路 66 号　邮政编码：450002)
发行单位：新华书店
承印单位：北京柏玉景印刷制品有限公司
开　　本：787mm×1092mm　1/16　印　张：10
字　　数：125 千字
版　　次：2014 年 6 月第 1 版
印　　次：2014 年 6 月第 1 次印刷
定　　价：19.80 元
　　　　　本书如有印装质量问题，由承印厂负责调换

# 前　言

　　中小学生财商教育的缺失,已成为我们这个社会极大的隐患。现在的父母都纠结于既要应付世俗的功利标准,以帮助孩子应对残酷的生存竞争,同时又希望子女拥有健康的心灵及高尚的情操。而当下的某些教育理论,却把两者定性在两个对立面上,现实的功利教育与高尚的素质教育似乎水火不容。

　　为了让家长朋友更好地认识财商教育的重要性,更好地启发、培养中小学生的财商,我们策划了本丛书。丛书以通俗的语言、精彩的案例和分析,从不同角度向广大家长朋友全面阐述了对孩子普及财商教育的重要性。力戒以枯燥无味的说教式姿态出现在家长朋友的面前,涉及了股票、基金、期货、外汇、保险以及理财常识。在书中也对中小学生的压岁钱管理做了相关介绍和指导。本丛书也可以作为家长与孩子共同品读的读物,因为书中生动真实的案例故事可以有效帮助孩子树立正确的金钱观,让他们学会珍惜金钱,驾驭金钱,从小就成为真正的理财高手。

　　尤其值得一提的是,本丛书还在最大程度上为孩子普及财商教育。这些财商教育是本丛书最大的亮点,力求给家长朋友最实用、最有效的教子指导。真诚希望本丛书能够成为帮助家长朋友培养孩子财商的良师益友,也真诚希望中小学生能够从本书中体会到财商的重要性,收获更多的财富和快乐。

# 目　录

## 第四章　富爸爸的理财观念

## 第五章　家长对孩子的财商教育

## 第六章　发现天赋,开发潜能

# 第一章　想培养什么样的孩子

## 我们为什么会有贫富的差异

　　不同的人群之间究竟为何会出现贫富差距呢？其中的原因多种多样，既有个人的，也有社会的，还有时代的。从个人因素来说，其中就包括财商方面的差别，而且这个因素非常重要，并且在市场经济条件下越来越重要。大家所处的时代、面临的社会背景基本相同，这时候家庭的经济、政治、社会地位以及个人的财商高低，一定程度上影响着贫富差别，有时甚至起到了决定的作用。

　　如果对此有怀疑，可以看看同一父母所生的几个兄弟姐妹成家立业后的贫富悬殊，恐怕就容易理解了。

　　无论是穷是富，现在要抚养一个孩子长大成人都不容易。2010 年的一份调查表明，在夫妻双方都是独生子女、允许生养两个孩子的小家庭中，77.5% 的家庭愿意生两个孩子，但最终只有 3.6% 的家庭付诸实施。

　　"现实"和"理想"之间为什么会有如此大的差别？主要因素可以概括为经济条件、工作稳定、住房问题。

　　无论想培养什么样的孩子，都必须从小注重财商培育，为将来过上幸福、安康的生活从智力上打下良好基础。

QIONG XUE SHENG FU XUE SHENG

看起来这似乎是一个非常简单的道理，但中国父母在这里有一个很大的误区，那就是过分注重孩子的智力培育，从而忽略了应有的财商教育。

当然，这不是现在才出现的问题，几千年来一直如此。中国历代王朝最基本的经济思想都是"重农抑商"，由此产生根深蒂固的影响是不足为奇的。而国外的情况就不是这样，这也是他们比较富裕的原因之一。

2003 年，应邀来我国辽宁省大连市为企业界讲学的美籍华裔学者夏保罗，作为国际著名企业家、教育家，曾经培养了上千位 CEO。在他的演讲中，他反复提到一个观点，那就是孩子不会理财，就注定"富不过三代"。

他自己的 5 个孩子都考上了美国名牌大学的 MBA，他坦言，他要求孩子从小就必须学会记账，每个星期都要把自己的消费进行一次检查，哪些钱该花、哪些钱不该花，哪些钱花多了、哪些钱花少了，需要进行总结。久而久之，孩子们就知道应该怎样把钱花在刀刃上，并且不小气。

他说，他的孩子从 5 岁开始就自己投资股票了。他教孩子怎样进行股票投资，怎样进行基本面分析，从利率、行业、供给、公司面、时机选择等方面，让他们从赚钱中获得成就感。5 个孩子 2002 年的个人收入都介于 200 万美元到 400 万美元之间，在我们看来他的孩子简直就是一部部赚钱的机器。

他说："在美国，家庭培养孩子对钱的认识和理财能力都比较早，社会对孩子财商的基本要求是：3 岁时能够辨认硬币和纸币；4 岁时认识到我们无法把商品买光，必须在购买时作出选择；5 岁时知道钱币的等价物，例如 25 美分可以打一次投币电话等，知道钱是怎么来的；6 岁时能够找零；7 岁时能够看懂价格标签；8 岁时知道自己可以通过做额外工作赚钱，学会把钱存到储蓄账户里；9 岁时能够简单制订一周的开销计划，购物时知道比较价格；10 岁时懂得每周节省一点钱，以备有大笔开销时使用；11 岁时知道从电视广告中发现有关花钱的事实；12 岁时能够制订并执行两周的开支计划，懂得正确使用银行业务中的术语。美国人有一个共识：在许多成功的经历中，获取财富最能拥有成就感和责任心，所以一定要培养孩子的理财意识，在青少年时期锻炼他们的财商"。

# 财商教育——时代的要求

在当今社会，财商教育越来越占有主导地位。这绝不是子虚乌有的空话，而是有着深刻的时代根源的结论。

我们都有这样的认识，我国经济已经取得了长足的发展，相对富裕的家庭越来越多；再加上独生子女时代，家庭消费的重点倾斜在孩子身上，许多家庭对孩子是有求必应，这种情况在以前是没有的。

20 世纪五六十年代，那时几乎没有广播、电视，更没有广告，不像现在这样到处疯狂宣扬提前消费；每家每户日子都过得紧巴巴的，甚至只有到过年时才能吃到一点荤腥，只有过生日才能吃上一个鸡蛋。而现在，有的家庭在孩子还没出生时就给他买好了价值上千元的儿童电动轿车，10 岁时就带他旅游世界，18 岁时甚至会送给他一辆私家车作为生日礼物。

时代在变，如果教育方式不变，那就有刻舟求剑的味道。

美国学者曾经针对电视台报道过的人物，在其中选择一部分进行长达两年的追踪研究，着重分析他们面对突如其来的财富如彩票中大奖、巨额遗产继承时，为什么有的人会安之若素、有的人则彻底疯狂，从而提出了"多少钱会毁掉一个孩子"的问题。最终得出结论，这和个人对金钱的态度与财商高低有关。简单地说，和他们的金钱个性有关。

中国的学校教育和家庭教育中，从来就严重缺乏财商教育的内容。在我国古代，教育是一种贵族活动，女孩学琴棋书画，男孩学舞刀弄剑，似乎这样组成家庭后就合成了"文武双全"；而现在，教育成了一种规范化学习活动，主要侧重于智力培养。可是，仅仅培养智力，已经远远无法应对未来的家庭、社会责任方面的挑战。

在现在这样一个物质社会，虽说"钱不是万能的"，但"没有钱是万万不能的"；甚至，虽然你也有钱，并且还不少，可是如果比不上别人就会被人瞧不起。这就是现实。

如果孩子从小缺少财商教育，将来在个人和家庭的财富积累、运用方面就会是一条短腿。毕竟，是"经济基础"决定了"上层建筑"。

所要注意的是，财商教育并不是宣扬"金钱主义"、"拜金主义"、"物质至上"，财商也并不就是指财富，它是一种认识并驾驭财富运动规律的能力。

孩子如果具有较高的财商，虽然不能保证他就能"大富大贵"，却可以证明他将来具备了合理安排个人和家庭财富、避免陷入财务困境的能力。父母希望孩子幸福，还有什么比这物质基础保障更重要的呢？

相反，如果一个孩子金钱至上，做什么都和钱挂钩；或者用钱大手大脚、盲目攀比；或者参加工作后由于缺少起码的理财技能，而沦为"购物狂"、"月光族"、"啃老族"、"房奴"、"卡奴"，等等，那就充分表明了他们在财商方面不是存在着空白，就是已经步入歧途，而这都与他们的父母直接相关。

财商教育空白，不用说是父母的疏忽和失职；财商教育步入歧途，也可能与父母对孩子的误导，以为一切都可以用钱来办事，把金钱和财商混为一谈有关。

从理论上说，所谓财商，可以简单地理解为理财能力。由于家庭财富的升腾动力主要在投资，而投资的难度也最大，所以财商还可以简单地理解为投资收益能力。财商的英文是 Financial Quotient，简称 FQ。

财商包括观念、知识、行为三个层次。这里的观念，是指对金钱、财富及其创造是怎样认识和理解的；知识，是指驾驭金钱运动能力方面所需要的一切才能，尤其是财会知识、投资知识、法律知识等；行为，是指观念和知识在人与环境之间的协调和实施，也就是说怎样把这种观念和知识运用到实践中去。这三个方面是互相支持、互为补充的，从而构成一个整体上的财商概念。

值得一提的是，财商教育应该和孩子的智力教育、道德教育结合起来，符合他的年龄和认知规律，符合身心成长规律。应把它当做今后孩子自立于社会所必须掌握的生存本领来看待。

从这个方面来说，我们的父母千万不要只盯着孩子的作业、学习、考试分数，而忽略了孩子将来走上社会后最重要的基本能力之一：如何打理自己的财富。

要知道，既然父母过去从来没有接受过这方面的教育，那么就再也不能让孩子也错过了。

我们必须明白在当今这样物质水平高度发展的社会，孩子具备足够的财商将来才有机会获得幸福、富裕、体面、尊严。

# 怎样才是真正的爱孩子

苏联大文豪高尔基曾经这样说过："爱护自己的孩子，这是母鸡也会做的事，但要教育好孩子就是一门艺术了。"

在我们的生活当中，这种"母鸡式的爱孩子"方式非常普遍。或许，这就是父母在教育孩子过程中问题丛生的原因之一。

天冷的时候，母鸡会让小鸡簇拥在自己身旁，用体温给它们温暖和关怀；夜里也是这样，以此来给它们壮胆、消除寂寞。白天活动期间，会让它们紧跟在自己身后，至少在目光所及范围内，以防它们走失或溺水；看到有好吃的，会用"咯咯咯"的声音招呼小鸡。

母鸡就是用这种方式来爱孩子（谈不上教育），所以它的进化很慢，几千年来几乎没有多少变化。而人类发展进化速度则十分迅猛，进入市场经济后，金钱的影响越来越大，我们在教育孩子时有太多的疑问得不到解决，这也是现在父母最苦恼的地方。

一位国有大型企业总裁，典型的三口之家，女儿当时在读初中。

和所有父母一样，他从小就教育女儿要好好读书，将来找个好工作，出国留学或出国就业都没问题。凭他的收入和人脉关系，这完全是小事一桩。

但令他苦恼的是，女儿虽然冰雪聪明，也喜欢看书，却不重视考试，所以考试分数总是不理想。她反驳父亲说："你现在工作中哪项知识是用到过去中学里所学的?!"

这位总裁在单位里虽然一言九鼎，可是面对女儿，他却像个受了委屈的孩子一样，感到理屈词穷，所以向教育专家求助。

教育专家告诉他，现在许多孩子之所以不重视学习、讨厌学习，甚至想退学到社会上去闯荡一番，很重要的一条原因是，孩子不像父母那样有一种危机感和恐惧感。孩子看多了"快男"、"超女"等文艺明星和体育明星的成功，根本不担心将来踏上社会后会找不到一种"安全而又有保障"的工作。甚至孩子觉得，如果自己现在离开学校就能混得"很不错"。

父母当然可以认为孩子"幼稚"，不了解"社会现实"，但这并不是孩子的错。

一方面，父母擅长于"母鸡式"的爱孩子，生活上给孩子无微不至的关怀，学习上也全部干涉，所以，孩子从小就感到自己在成长道路上一帆风顺，今后也没什么可担心的；另一方面，孩子从媒体上看到的都是"速成"经验，各种各样的明星都是通过"投机取巧"、"包装"、"潜规则"，就轻而易举地获得了成功。

毫无疑问，父母通常不认可这些；即使认可，嘴里发出的也只是同一个声音，那就是好好读书，将来考个好大学、找份好工作，其他的事待踏上社会后自然而然就知道了。

孩子果真将来会无师自通吗？显然不是。父母的用意在于要孩子把心思放在学习上，心无旁骛，其他的事情都可以放一放，先把学习搞上去，否则在各类升学考试中就会竞争不过别人。

应该说，父母的这种良苦用心确实没错，可是却脱离了社会现实，并且从孩子将来立足社会角度看，问题多多。

现在的父母当年考大学时，大学生是天之骄子，上大学不用花钱，而且还有各种津贴；毕业后就拥有"国家干部"身份，不用担心找工作，甚至不用担心找对象，能够分配到住房，职务晋升也可以按部就班。

而现在的大学生遍地都是，上大学不但收费昂贵，而且"毕业即失业"，专业对口的很少。要想找到满意的工作，也不是太容易。

所以，在孩子的教育上，父母不要过多地对孩子指手画脚，重要的是引导、启发他们，而不是"命令"他们好好读书。

关于这一点，人类倒是可以学学"母鸡的教育艺术"——当小鸡长到绒毛齐时，母鸡就让它们一个个单飞，很少看到母鸡再在一旁对小鸡倚老卖老、指手画脚，动不动就说，"我是你爹"或"我是你妈"，你"这也不行，那也不能"。

某种程度上说，孩子的成长过程就是父母逐步后退的过程，我们不能始终把他们紧紧攥在手里。

如果孩子的点点滴滴都要按照父母的设想来，那么直到大学毕业依然不具备自立能力。因为从小到大，他们一直都是由父母领路的，不需要抬头看路，在后面跟着走就行；所以等到他大学毕业后，突然发现前面没有了领路人，就不知道下一步该怎么走了。接下来你会发现，有许多人会在丛林里绕圈子；实在走投无路了，就退回到老路上去，希望能从中得到启发、继续寻找走出"沙漠"的方向。

怎么办？很简单，那就是父母在对孩子强调学习重要性的同时，更应该培养他们的学习能力和社会适应能力。当还是在"丛林中"的时候，就放手让他们自己走在前面辨别方向、寻找道路，为将来走出"沙漠"做准备。

现在社会上有些人只能在一个单位里待一辈子，一旦领导对自己不像原来那么重视、收入待遇没有原来那么好、职务多年没有得到升迁，就会自怨自艾、自暴自弃，不敢有跳槽的念头，直到单位倒闭或自己被迫黯然离场。言谈之间，总是听到他们在追忆过去的美好时光或所谓成功，根本不谈自己对未来有什么新希望。

这就和父母当年对他们的教育缺失有关。

面对日益进步的社会现实，现在的父母比过去更需要教育经验，而这正是他们感到困惑的地方。当父母叮嘱孩子"要好好读书"时，孩子却说"我最好是每天在家里玩玩，不要读书"，这时候任何批评、打骂都无济于事，重要的是沟通。虽然这种沟通很不容易，效果也很难预料，但必须这样做，而且必须从孩子的角度看问题，才能真正找到问题答案。

坚决不能让孩子树立只有读书才有出路的想法。返观三四十年以前，倒是有一句"只有老老实实接受改造、重新做人才是唯一出路"的话，但那是针对"地富反坏右"说的。孩子不是敌人，而是祖国的未来，只有当他们感到"条条大路通罗马"时，才有积极性去选择自己的未来，从而对前途充满希望，继而迸发出巨大的学习欲望。

# "死读书"和"读书死"

在学习中，会见到"死读书"的人。换句话说，他们因为"读书"而被书"读死"了。读书本来是一件赏心悦目的事，可是怎么会被"读死"呢，这既让人感到悲哀，又觉得无可奈何，然而却真实发生在我们身边。

这就是说，在学校里读书聪明的孩子，将来踏上社会后生活未必过得幸福。这不是读书不好，而要看整个社会是要求他"死读书"还是"活读书"。

在现代社会中，教育的重要性不言而喻。可是教育一旦进入课堂，就并不能对应所有的孩子，充其量只适合一部分孩子的学习特点（一般认为这个比例只有30%）。

"教育"（Education）一词最早源自拉丁文"educare"，意思是"抽出"。问题就出在这里——当"教育"还没有成为一种职业时，我们的孩子认识事物是全面整体的。想当初孔子时代的所谓教育，说穿了就是带孩子们出去郊游，然后在草地上做做游戏、讲讲故事而已。

可是当"教育"出现后，尤其是把整体的知识一个个"抽"出来分成不同学科、无数概念教给孩子时，孩子就像瞎子摸象，一些孩子也就看不到大象了。这是一些孩子不知道为什么要学习、越学越笨的原因之一。当然，这也是教育的问题。

举个例子来说，散文本来是让人百读不厌、回味无穷、越读越觉得优美的美文，可是经过老师从不同角度的讲解，美不见了，只剩下一些分析技巧，这种讲解还不如不讲，难怪孩子会厌倦这种授课方式。

如果仅仅是这样，还算是好的了，因为我们多少能从这种教育中学到一点东西；而现在的问题是，所谓学习就是要有一个好成绩，所谓好成绩就是考试要有个好分数，而所谓好分数已经到了可以不择手段去取得的地步——不考的内容不教、不学，要考的内容拼命学、拼命练，考试以前猜题、押宝、烧香，考试中学校、学生、监考老师、教育主管部门一条龙联合作弊……在很多人眼里，"教育"已经成了"考试"、"分数"的同义词。

我们能看到，在学校里读书好（考试分数高）的孩子趾高气扬，听到的都是赞扬声，被认为前途无量。在这样的氛围中，他们一鼓作气，从小学、中学、大学，甚至读到研究生，终于成了职业学生。

可是结果怎么样呢？踏上社会后，他们有很多不懂的东西。现实生活需要各种各样的技能，而他们却只有一种技能，那就是读书。而且，是那种瞎子摸象式的读书，从来就是"窥一斑而见全豹"；至于真的"全豹"是不是这样子，他们心里谁也没底，因为根本就没有看到过。

不用说，在这个过程中，沿途有许许多多孩子被刷下来、脱离这个队伍，被贴上"不爱读书"或"读书不好"的标签，从而过早地融入社会。

这正应了一句古话："塞翁失马，焉知非福"——他们失去的是继续受"教育"的机会，而得到的是社会这个大课堂近距离的锤炼，平时在学校里受压抑的其他各项技能得到了迅猛发展，从而成为一群"活读书"、"读书活"的人。

家长重视孩子的学习成绩并没有错误，但学校教育绝不是完全等同于考试、分数。

放开眼界看，孩子将来踏上社会后的成功包括职业和财务两方面。在学校里，最主要的当然是学习，这是为他们将来的职业做准备；可是踏上社会后，最重要的就是财务了。

换句话说，每个孩子的成功都可以分为学习、职业、财务三方面。其中，学习是基础，职业、财务是目标，这三个方面有联系，但没有必然联系，更不是浑然一体的。

简洁一点来讲，孩子在基础阶段（小学、中学、大学）的学习究竟是否成功，最终要靠职业成功、财务自由来检验。显而易见，"活读书"、"读活书"的孩子明显更容易迈向成功，因为这种"活"中必不可少地包括财商教育。

# 朋友也要选择

"近朱者赤，近墨者黑"启示我们，环境对人的改变是不可估量的，你在这个环境里生活时间久了，慢慢地就会被同化，变成另一个"你"。

根据这一原理，我们同样可以说"近富者富，近穷者穷"。意思是说，一个人如果和富人打交道时间长了，慢慢地就会受到这个富人的思想、交际圈、生意经的影响，从而改变原有的思维方式，逐步走上富裕；相反，如果你整天和穷人待在一起，慢慢地就会接受这个穷人的思想、朋友圈、对生活的态度，从而把自己的思维也逐步限制在一个狭小范围内，固守贫穷。

从这一点上看，如果你本来就是一个"富人"，你的周围有一个富人圈，那么这种环境对培养孩子的财商会有潜移默化的帮助；相反，如果你是一个"穷人"，你的周围也都是"穷亲戚"，那么如果有条件的话，就应当让孩子多多地和上面所说的"富人圈"接触，让他从小接触他平常接触不到的思想。

遗憾的是，我国自古以来有"绸不搭布、穷不搭富"的说法。穷人家的孩子要想和富人家的孩子打成一片极为不易。

一方面，富人不愿意和穷人打交道，认为这些"穷人""人穷志短"，在住房、交通、饮食、娱乐等方面和自己不是"一个档次"，所以看不起他们；另一方面，穷人也不愿意和富人打交道，认为这些富人"为富不仁"，富得"只剩下钱"了，所以"你走你的阳关道，我走我的独木桥"。

不用说，这两种观点都不无偏颇，又都非常现实。尤其是这些年社会贫富差距逐渐拉大，城市住宅区中"别墅区"和"贫民区"非常刺眼。一些地方政府在建造住宅时虽然把两者硬是安插在一起,以促进交流、融通,可是又谈何容易?

所以经常看到,在不同的家族中往往存在着"一人得道,鸡犬升天"现象,富则一窝蜂,穷则一大片。同一户人家如果有几位女儿,所嫁的夫君也存在着类比现象,要么都是升官发财的,"一个更比一个强";要么都是普通工薪族,"一蟹不如一蟹"。这种现象实在令社会学家们深思。

在这里,原因虽然多种多样,但有一点很明确:那就是"近富者富、近穷者穷"——生活在同一环境下的人,会有相同的思维方式和追求。这就是俗话所说的"物以类聚、人以群分","不是一家人、不进一家门"。这也是近年来家庭教育中频繁出现"富养女、穷养儿"的观点写照。

为了克服这一点,首先,父母可以让孩子写下 6 个与他相处时间最长的人名单,根据相处时间长短排序;其次,依次分析这些人的社会地位、个人成就、贫富差别、成长经历、思维方式,从财商角度看这些人是否是孩子理想的交往对象;最后,根据"近富者富、近穷者穷"的原则,调整、补充孩子的交往对象名单,优化孩子的交往结构。

需要指出的是,"近富者富、近穷者穷"并不意味着"欺贫爱富",更不表示"六亲不认"。

有道是:"儿不嫌母丑、狗不嫌家贫。"人的血缘关系无法选择,所以无论你的亲戚朋友经济状况如何,都不应该嫌弃他们,相反还应当给他们以更多的关爱和帮助。可是,出身贫贱、拥有一大帮穷亲戚,也不是阻隔你和"富人"打交道的理由。

举一个类似的例子,如果我们想攀登珠穆朗玛峰,最首先要做的就是要向已经攀登过珠穆朗玛峰的人请教,而不是向那些整天在山脚下放牛,从来没有到过半山腰的人打听。前者是过来人,他们的经验、体会非常值得你借鉴;而后者从来没有登过珠穆朗玛峰,很难给你切实有益的参考，说不定还会认为你这登山是"吃饱了撑的"，从而打击你登山的积极性。

珠穆朗玛峰就像财富高峰，想要攀登就要找可靠的朋友。

# 要有富人的思维

富人之所以富有，有各种不同的缘由。这些理由在穷人看来有些是"运气"，有些是"必然"；有的"可以学"，有的"学不来"；有的"很简单"，有的则"很好笑"。在这其中，最关键的是：富人的思维方式和穷人往往是有巨大差异的。

例如，一个只拿死工资的小职员，整天想的是上班不迟到、中途不溜号、下班不早退、工资不少拿，得过且过。他绝不会知道厂长脑子里面考虑的问题是什么？

所以说，财商教育很重要的一点，就是要孩子学会像富人那样思考。只有思想上有"共鸣"，才会走向富裕。

现在有种说法是："再穷也要站在富人堆里。"其实，即使这样也只能表明你离富人的物理距离近了，不表明你也能用富人的思维方式来考虑问题，而这是更重要的。前者是拥有富人的"人"，后者才是拥有富人的"心"。

在日本横滨市，有一个叫山下龟三郎的人，经营着一家非常不景气的煤炭店。而这时候神户又新开了一家经营煤炭的福松商会，创业者是一位少年得志的松永左惠盟。

如果我们是他的家人，这时候很可能会建议他把这个店关掉，改做别的，或者干脆到哪里去找一份工作，安安稳稳地拿工资，收入低一点也没关系，反正家里人养得起你。

可贵的是，山下龟三郎毕竟是个老板，和你的想法不一样。如果真的是这种小职员思维，他就"死"定了！

山下龟三郎打听到，松永左惠盟开办福松商会的投资是从福泽桃介那里借来的，而山下龟三郎认识福泽桃介一个名叫秋元的部下。于是，山下龟三郎找到秋元，请他给松永左惠盟写一封引荐信。

接下来，山下龟三郎把这个不景气的煤炭店作抵押，向银行贷了一笔款，然后全部换成现金带在身上，出差住在神户最有名的一家豪华饭店。在饭店里，山下龟三郎写了一张便条，请饭店服务生帮忙送给松永左惠盟。信中他简单介绍了一下自己的身份和来由，请松永左惠盟来酒店一聚。

当天晚上，山下龟三郎谦恭有礼地款待了松永左惠盟，让年轻气盛的他志满意得。正当喝得高兴之际，山下龟三郎轻描淡写地说，有家规模相当大的煤炭店，老板是我的老顾客，如果您相信我，可以把您的煤炭卖给他，对方一定会看我的面子，不会不买账的。而您呢，也一定会从中赚钱，赚的钱全部是您的，您只要给我一点辛苦费就行啦。

正当松永左惠盟准备开口之际，山下龟三郎叫来女服务员，要她代买一点当地的土特产。

其实，这是山下龟三郎的计谋。买土特产是假，真正目的是要当着松永左惠盟的面拉开随身携带的提包，让对方看到这满满的一皮包现金，觉得自己有实力。当然，山下龟三郎也不忘"随意"地从中抽出一张，作为女服务员的小费。

松永左惠盟本来对这第一次见面的朋友的朋友心存疑惑，当他看到对方是个"大老板"时，于是当机立断地答应了山下龟三郎的建议，随后就签订了业务合同。

从此以后，山下龟三郎没费一分钱（实际上，负债累累的他也已经没钱继续投入经营了），就源源不断地从福松商会那里得到煤炭，然后转卖给别人，从中获取大利。

虽然他得到的佣金比例并不高，可是要知道，煤炭经营的数量特别大，并且交易量稳定，而他又不需要投入资金（没有资金成本和风险），所以这种居间收入非常可观。

这里的关键是山下龟三郎头脑活络，具体地说就是他的思维方式帮了忙。这也是他财商高的外在表现。

从表面上来看，山下龟三郎是利用一封有影响力的介绍信，加上自己的礼貌态度，恰到好处地展示了自身实力，巧妙掩盖了自己没有任何实力做生意的缺点，利用对方的认识盲区诱导虚断，从而取得成功，"生意"越做越大。

更深一层来说，富人的思维方式就是寻找一切机会、主动创造机会，不断开创事业，而不是止步不前。


# 青少年财务自由何来


财务自由是财商教育的重要部分，财务自由是人人奋斗的目标。如果没有财务自由，你就不会有真正的自由。

宋朝时候的司马光是朝中大臣，他对刚进入朝廷、前来拜访他的官员必定会问同一些问题：你家里有没有钱？开支够不够用？家里欠不欠别人的钱？对方往往觉得难堪，不知怎么回答是好。实际上，司马光是在考察对方会不会"为五斗米折腰"，到时候敢不敢为自己的原则而放弃乌纱帽。

所谓财务自由，是指你的被动收入大于开销。换句话说就是，你从此不工作或者失去工作，也不愁收入来源，因为你从其他渠道能得到稳定而正当的收入，满足一切开销。

容易看出，财务自由并不是说你一定要有多少钱，而是你即使患病或不能工作了，也可以拥有舒服的生活。等到你去世的时候，你留给家人的财富会超过你原来拥有的数目。

财务自由的基本途径有两条：一是巨额遗产或意外中奖，二是实现从穷人思维到富人思维的转变，完美理财。

2000年，美国一位分析家的研究表明，挣到100万美元的各种概率是：拥有一家小企业，概率一千分之一；在一家网络上市公司工作，概率一万分之一；每个月存800美元，连存30年，概率十五万分之一；比赛得奖，概率四百万分之一；赌场赌博，概率六百万分之一；彩票中奖，概率一千二百万分之一；继承100万美元以上的遗产，概率一千二百万分之一。

从中容易看出，彩票中奖和遗产继承的概率都非常小，可遇而不可求。最容易的是自己创业，拥有一家小企业，把它作为财富孵化机，促使自己尽快走上百万富翁之路。

换句话说就是，父母如果能注重提高我们的财商，让我们懂得如何依靠自己的财务能力，就有可能通过多年的积累达到不需要工作就有经济来源的财务自由境界。

从现实来看，许多人的财商是在踏上工作岗位后慢慢得到熏陶而悟出来的。不用说，这时候才开始财商启蒙，虽然也有一点用，但已经为时晚矣。

就像我们本来是具有钢琴家天赋的，可是由于父母的疏忽大意或不懂，早已错过最佳培育时机，使他直到27岁才开始学弹钢琴，这是人才的浪费。

这也是为什么我们周围有那么多人不善于挣钱、不善于花钱、也不善于管理钱，以至于总要为金钱烦恼，甚至陷入其中而不能自拔的原因：财商启蒙得太晚了。

从小对孩子进行财商教育的重要性显而易见。

以最简单的银行储蓄为例。银行储蓄有一个规律，那就是同样数额的钱，越早存入，所得越多。

例如，同样是1万元，一个是从孩子7岁上小学时开始存，一个是13岁上初中时开始存，同样都是到他26岁结婚时取出，所得本息将会有巨大差别。

财商教育也是这样。别的父母如果在孩子 7 岁时就让他知道投资理财的重要性，那么他就会在以后的人生道路中懂得如何量入为出、勤俭节约、投资理财，使得自己的财富雪球越滚越大；而你的孩子呢，由于你从来没有对他进行过这方面的引导和熏陶，而是让他"无师自通"，直到参加工作后才"摸着石头过河"，有时候根本就是摸来摸去摸不到"石头"，不用说，两者之间在赚钱、花钱、管钱方面会造成多大的差异了，由此很可能会改变孩子一生的前途和命运。

那么，怎样才能及早让孩子受到这方面的熏陶呢？归纳起来，主要有以下几点要求。

（1）和父母一起讨论，制定我们的人生财务目标和规划。目标一定要远大，这样才能激励我们的积极性和创造性。

（2）财务目标一旦确定，就要学会像富人一样思考。而要做到这一点，就得要求父母应当为我们做榜样，启发、引导我们。

（3）学习必要的投资理财知识，尤其是经营管理、财务会计知识，这对我们的一生都有帮助。许多成年人不敢投资，觉得风险太大，实际上就是因为缺乏这方面的知识。

（4）学会区别"资产"和"负债"，尽可能把"负债"转变为"资产"，然后让"资产"源源不断地创造投资收入和被动收入。

（5）强调创建一份事业的重要性。创建自己的事业，是上面所提到的诸条成为百万富翁途径中的一条捷径。

（6）不必过于强调将来一定要"找个"好工作。如果是为别人打工，哪怕是再好的工作，都可能一辈子摆脱不了财务问题，尤其是一旦失去工作就可能变得一无所有。

（7）关心"资产"比关心收入重要。富人考虑更多的是"资产"，穷人考虑更多的是"收入"，不同的思维方式是造成贫富差别悬殊的主要原因之一。

（8）学会区分良性债务和不良债务。真正需要控制的是不良债务而不是良性债务，良性债务就像一只会下蛋的老母鸡。

（9）要有实践、锻炼的机会，不要怕犯错误。年轻没有失败。只有在实际锤炼中，才可能学到真本领。

按照以上的指导，我们进行财商教育，不能确切地说长大后就一定能拥有高财商，达到财富自由的境界，但可以十分肯定的是这样对我们是有帮助的。

# 第二章 和储蓄罐共同成长

## 从零花钱开始理财

零花钱伴随着我们的成长。在我们成长的时光里，零花钱曾经带给我们多少快乐和骄傲。我们总是希望自己的零花钱比别的孩子多，然后就有了炫耀的资本。我们也曾以为：有了这些零花钱，他们就可以像变魔法般，变出他们喜欢的所有东西。当商店老板笑着告诉他们"你的钱不够"时，他们一下子像受到莫大的打击似的，第一次尝到了失落的滋味。原来，仅有零花钱还不够，有很多很多的零花钱才行！零花钱是我们最初接触的钱，那么，学习"理财"，就从零花钱开始下手吧！

### 能给孩子们财富的宝贝

《阿里巴巴和四十大盗》的故事我们耳熟能详，对这个故事至今记忆犹新，因为在我们小的时候，都无比渴望有这么一扇门，只需要一声"芝麻开门"它就可以打开，然后就可以拥有那么多的珍奇宝贝。格林童话中，还有一种魔法宝袋，只需要对着袋子念一句咒语。就可以得到想要的任何东西。这些故事让我们在美好的幻想和憧憬中度过了我们的童年时代。尽管现在我们已经知道，那些都不过是虚构的想象，在现实生活中是没有这样的一扇门和这样的一个宝袋的，然而曾经对这些故事的痴迷，却让我们深深相信这样一个观点：对财富的渴望和追求是与生俱来的。我们都渴望自己能够拥有更多的财富，盼望自己成为这个世界上最富有的人。

尽管没有这样的一个万能宝袋，但是生活中我们却拥有一个和这个宝袋相类似的东西，那就是我们的零花钱。我们几乎可以用它来买所有我们想要的物品。唯一和童话中不同的是：这个宝袋并不是"取之不尽，用之不竭"的，它是那么的小，小到每一天都在渴望里面的钱可以多一点，再多一点；小到我们在从这个"宝袋"取东西时，要斟酌一遍又一遍，要在一大堆的诱惑物面前做出艰难的选择；小到我们不惜撒各种各样的谎，希望妈妈能多给点零花钱。

可是，零花钱的真正意义到底是什么呢？真的零花钱越多，我们就可以越开心、越幸福吗？

检查一下自己，再看看周围的同学，我们都拿零花钱干什么了呢？买零食、买唱片、玩游戏、买课外书……总结起来，我们基本上可以得出这样一个结论：我们用零花钱来买一些父母不让买的东西，做一些父母不让做的事情。

真是难以置信，父母既是孩子零花钱的主要来源又是孩子的"死对头"，但这却是事实。也许，正如心理学家所言：青春期是成长的重要时期。在这段时期，孩子们无不渴望能挣脱父母的怀抱，做自己的主人。这体现在钱上，就是渴望能自由支配金钱，这种由支配金钱所带来的满足感甚至超过拥有某件物品的满足感。举一个很简单的例子：你可能对父母为你买的一件200元的衣服不以为然，却会为父母给你100元零花钱而兴奋不已。原因很简单：我是这100元的主人，我可以自由支配它。

我们当中绝大多数人都会有这样的想法：

（1）爸爸妈妈把我管的太紧、太死了。

（2）我想买一个足球（或唱片等），不过爸爸妈妈肯定不会同意我买的。

（3）我想买一样东西，不过这是我的秘密，我不想让爸爸妈妈知道。

（4）我曾经让爸爸妈妈给我买一样东西，可是他们不同意。

（5）我知道爸爸妈妈为我花了很多钱，他们也经常买东西、送礼物给我，可是都很土气，我一点也不喜欢。

无论承认或是不承认，这都是一个事实：你对零花钱的态度、你的理财观，很大程度上仅限于怎么和父母"作对"，仅限于如何最大限度地自由花钱。以这种观念去面对金钱，也难怪我国的中学生、大学生，在理财上都是"小学生"呢！试想：金钱，是我们的生存之本，是我们一辈子都必须去面对的东西，以一个小学生的"财商"，如何能在社会上立足呢？

可能有的人认为，零花钱的数目太少了。这没错，但对零花钱的处理态度，绝对会影响到我们成长后的理财能力和赚钱能力。正视我们的零花钱，培养良好的财商，从现在开始。

那么，零花钱到底多少才够？零花钱到底该怎么花？怎样才能让我们的"神奇宝袋"最好地发挥它的魔力？让我们一起学习如何打理我们的零花钱吧！

## 储蓄的动力

处在朝气蓬勃的青春期，梦想和钱相连，金钱的最大用途就是支撑梦想。和成年人以及父母相比，我们还不需要操心用金钱来满足最基本的生存需求，关于未来的构想也都比较模糊，不像成人那么具体（例如下个月要购进一台新电器，明年要花费多少钱等），所以我们大多数人都不会像成人那么精打细算，按照既定目标来存钱。

储蓄我们梦想

这么看来，我们储蓄钱的唯一动力来自于梦想。事实的确这样。那么，从现在起就行动起来吧，为梦想而储蓄。你今天要做的就是给自己准备一个"梦想存钱罐"。

（1）首先，计算一下我们总"收入"，包括父母每个月给的零花钱、奖励、打工的收入等，除去每个月的必须花费，包括早餐、车费、学习资料费等。然后估计一下每个月可以掌控的金钱到底有多少。

（2）接下来，我们就可以静下心来思考一下有哪些梦想了，同时别忘了权衡一下哪些愿望是最迫切的。然后就可以根据自己愿望的迫切程度，实现的难易程度，制定一个"愿望实现日程表"，将每个月要实现的梦想都贴在储钱罐上，每实现一个，就划掉一个。慢慢地随着一次次梦想成真，我们也会存钱"上瘾"的！

（3）在制订攒钱计划时，要考虑到一些特别情况。比如朋友过生日、班级聚会等。当遇到另外一个特殊情况，例如父母多奖励了一些钱、亲戚朋友给了一些钱等，此时也应该调整自己的攒钱计划，或者再给自己额外增加一个梦想。

梦想到底怎么实现

也许在我们看来，零花钱只是一点儿小钱，对于自己的梦想而言只是杯水车薪，因而丧失了攒钱动力。我们的生活似乎总不如别人那么精彩，很多人都会把原因归咎为父母给的零花钱太少。"我的梦想好多好大，可是钱就那么一点点，有什么办法呢？"很多人都会这样抱怨。这似乎是一个很大的问题，其实也不是。梦想太大，我们可以把它分期来实现。我们也可以调整一下自己的梦想。比如，"我的梦想是环游世界"，这个梦想暂时是无法实现的，但我们可以攒下一笔钱，独自去附近的城市旅行一次。相信也会很有成就感！

# 不可不知的储蓄常识

长大了，终于告别了"小猪储钱罐"的时代，孩子们也有了比小时候多好几倍的零花钱，甚至可以称得上是"小富翁"了。是不是想把这些钱存起来，让它变成更多的钱呢？想不想和爸爸妈妈一样，拥有一个自己的银行账户呢？别着急，一定可以的！

## 儿时的记忆

还是孩童的时候，我们的小猪储钱罐就是我们的梦想的源泉；偶尔获得一枚硬币，不管是一元还是一角，哪怕只有五分，孩子们都会把它放到储钱罐里，我们总是期待着小猪储钱罐会越来越沉。小猪肚里的硬币总是在变多——简直就像在变魔法！太有趣了！还有，硬币碰撞的声音很好听，那可是"金子"的声音呢。

让我们一起来回忆下关于储钱罐的故事吧，毕竟它是我们童年时代的快乐源泉之一。

### 爱存钱的陶陶

陶陶有一个非常漂亮的"招财猪"储钱罐，是妈妈送给他的5岁生日礼物。储钱罐造型是一只漂亮可爱的小猪。全身滑溜溜的，毛色白白的，身上的小背心红红的。它的肚子很大，好像能装下一个星球。它手上拿着"招财进宝"四个大字，好像在说："小朋友，要养成节约钱的好习惯啊"。陶陶自从有了这个储钱罐之后，每次爸爸妈妈给他零花钱，他都储存起来，慢慢就养成储钱的好习惯了。

现在看到这样的故事多少会觉得幼稚吧？可是仔细想想，我们会感到惭愧：小时候的我们尚且知道存钱、省钱，为什么现在反而不会了呢？我们要保持这样的好习惯，而且储钱会让我们觉得自己很富有呢。

### 小云的储蓄

小云转眼就到六年级了，马上就要小学毕业了。马上就要与班上的同学分开了，她很想给几个好朋友留下一些值得纪念的礼物。她在自己的房间里走来走去，犹豫该如何开口找父母要钱，突然看到书架上的小猪储钱罐了。"呀，我自己有钱的啊，最近忙学习都快忘记我亲爱的小猪了。"小云高兴地跳了起来。小云用自己的钱给好朋友买了礼物，虽然买不了很贵重的，但好歹也是份心意。

不知道你是否遇到过小云这样的事？或者你是否也曾体验过这样的乐趣？花自己的钱真的很开心，那可是我们自己省下来的呀。小猪储钱罐虽然那么小，却让我们体验了积累财富带给我们的快乐。

### 洋洋的储蓄

洋洋一失手把自己的小猪储钱罐摔破了，她把所有的硬币都摊开在床上，感觉自己变成了富人。看到那么多硬币，忍不住想数一数，可是等她数完了，特别失望。知道为什么吗？因为那是她存了好几年的钱，可是居然还不足 200 元。想当初，好多压岁钱（纸币）都不知不觉就花掉了，可是硬币存了那么久却才这么一点点。要知道，她可是初中生了，区区不足 200 元的钱，怎么会有富人的感觉呢？

这样的事情我们可能都遇到过。我们渐渐长大，小猪储钱罐已经不再适合我们了，我们也不再愿意用它了。我们更多的零花钱是纸币而非硬币，纸币不易保管，我们不能将它们塞在小猪储钱罐里面。而且，就算我们可以将纸币都塞在小猪储钱罐里，也很不合算呢。因为钱收起来可不会自己"长大"，可是你如果把钱放到银行里，它可以多出额外利息呢！

## 存钱的小窍门

当我们踏入中学时，就代表着我们要离开你无忧无虑的童年了。从今以后我们要以一种大人的标准去要求自己，无时无刻不在羡慕着大人们的世界。"小猪储钱罐"恐怕早就被锁到抽屉了吧。我们暗暗想：现在还用小猪储钱罐，同学们不笑话我才怪呢！要是我有一张银行卡就好了，多么有面子呀！

其实，这是完全有可能的！去银行开个账户吧，由于我们没有18岁，所以没有身份证，不过不要紧，拿上户口本就行了，最好在爸爸妈妈的陪同下去。告诉他们理由，他们一定会支持我们的！

去银行存钱之前，首先我们要学会区分储蓄存款的种类并依此确定如何存钱，这样你的存款才能产生出最大的利息。

### 什么是活期储蓄

活期储蓄适合有零星开支的储户使用。1元起存，由储蓄机构发给存折或储蓄卡。从国家开征利息税后，活期存款这种方式最为方便，但利息最低。

### 定期与活期

定活两便储蓄适合对存期不确定的储户使用。应该尽量使存款期达到一定标准，如三个月、半年等。因为假如达不到，就会使利息收入大大减少。利率计息。

### 什么是整存整取

整存整取储蓄适合存款期限确定的储户使用。一般50元起存，存款分三个月、半年、一年、二年、三年和五年。本金一次性存入，到期后一次性取出。

这种存款方式的最大好处就是利息较高。不过，在选择这种方式时，应该考虑一下自己中途是否有需要用钱的地方。因为倘若提前支取，银行会按活期存款利率付息。

### 什么是零存整取

如果每月存入一定金额，到期一次支取本金及利息，零存整取储蓄适合。一般5元起存，存期分一年、三年、五年。你可以自定存额，每月存入一次，中途如有漏存，应在下一个月补存，如果没有补存，到期支取时按实存金额和实际存期计算利息。

这种方式对每月有固定收入的人来说，是比较好的方法。存钱的方式有好多种，要选择适合自己的才行。

中学生为什么要选择银行存款呢？这是由它本身的特点决定的，一般说来，银行存款有两大优势。

（1）流动性相对较高。活期存款流动性高，应变力强，可做应急之用。但对于定期存款来说，若未到期提前支取，就要遭受利息损失。

（2）风险较低。一直以来，我国的银行，由于国家对其具有一定的信用保证作用，因此风险较小。

当然了，银行存款也有两大劣势，你也需要了解一下：

（1）回报率低。目前国内银行存款利率一般低于同期债券利率，而且自1996年以来，银行利率7次下调，再加上利息税，实际的回报就更低了。

（2）不能抵挡通货膨胀的危害。

## 储蓄实践小窍门

想赚到更多的利息又让自己不缺钱花吗？这可能让人觉得奇怪：有这样的好事吗？当然有，一起来学习一下储蓄诀窍吧！

窍门一：少存活期

同样存钱，存期越长，利率越高，所得的利息就越多。相反，活期存款的利率就比较低了。所以说，如果我们手中的活期存款一直比较多，不妨采用零存整取的方式。这样一年下来，我们所得到的利息远远大于活期存款的利息。

窍门二：存款到期再存或取

储蓄条例规定：定期存款提前支取，只按活期利率计息，逾期部分也只按活期计息。有些特殊储蓄种类，逾期则不计付利息。

这就是说，存了定期，期限一到，就要取出或办理转存手续。如果存单即将到期，又马上需要用钱，可以用没到期的定期存单去银行办理抵押贷款，以解燃眉之急。这样就可以尽量减少利息损失。

窍门三：滚动式存取

可以将自己的储蓄资金分成 12 等分，每月定期存入，或者将每月的余钱（不管数量多少）都存成一年定期。

这个方法非常适合每月从父母那领取零花钱的孩子们。比如，每个月的零花钱是 200 元，就可以拿出 50 元作为每个月的定期存额。选择一年期限开一张存单，当存足一年后，手中便有 12 张存单。在第一张存单到期时。将本金和利息一同取出，和第二张所存的 50 元相加,再存成一年定期存单。以此类推,到时候,手里会有 12 张存单。一旦急需用钱,就可以去领取到期的存款或所存时间最短的那份存款,减少利息损失。

窍门四:分成四部分

如果手上有 1 000 元,可分存成 4 张定期存单,每张存额呈梯形状,以适应急需用款。例如,将 1 000 元分别存成 100 元、200 元、300 元、400 元这 4 张一年期定期存单。

这样,假如在一年内需要动用 200 元,就只需支取 200 元的存单,可避免需要取小数额却不得不动用"大"存单的弊端,减少不必要的利息损失。

# 节约财富小经验

积累财富无外乎"开源"和"节流"两大方法。作为一个学生,靠"开源"获得的金钱毕竟有限。所以必须在"节流"上下功夫。而且,理财专家特别强调:省下的一块钱,它的价值大于赚进的一块钱!

## "吝啬"真经

流传着这样的一种说法:天生的贵族就是花最多的钱买最少和最没用的东西。这听起来倒像个消费傻瓜,所以不是天生贵族的人最好能做个"吝啬专家"。要明白这样一个道理,"吝啬"和小气不同,是指会省钱,会用最少的钱买最好和最有用东西的精明消费者。

也许孩子们会说："我妈妈给我的零用钱很少，可我想买书、想玩、想郊游、想和朋友聚会……我能做到吗？长大了，收入有限，可我除了养家，还想买车、买房，我能做到吗？"

没问题！只要按下面的"吝啬真经"过日子，把自己培养为一个"吝啬专家"，理财道路一定一帆风顺！

为开销记账

我们经常有这样的困惑：口袋里的钱好像没买什么东西，就不知不觉地花完了，更可悲的是竟然不清楚它们都花到哪里去了！为什么会这样呢？那是因为，在消费每一笔小钱时看起来好像不值一提，但是时间久了会发现钱包正是因为那些"无所谓"的小钱儿才瘪下去的。如何制止这种情况的发生呢？

记"流水账"吧！从现在开始就准备一个账本，把生活中的开销详细地记录下来，包括交通和零食的费用。记账是为了了解和调整收支。你可以把自己的花费和所购买的物品归一下类，看看哪些钱是必须要花的，哪些又是不必要的。这样做，不但可以逐渐培养理财意识，更重要的是，记录完后，过一段时间再整理一下，会发现，原来有很多钱是不必要花费的，要是把那笔钱省下来应该是件很值得骄傲的事情。

衣柜定律

80/20衣柜定律不是什么高深定律，它是在我们每个人的日常生活中经常出现的现象。

试试打开我们的衣柜看看，里面是否有八成衣服是只穿了一次、或不会再穿，甚至是一次也没穿？而经常穿的衣服却只占整体的两成。同样的现象亦会出现在鞋、CD光盘、文具上，如果从没出现过这些现象，那么恭喜，因为我们和我们的家庭成员已把"需要"和"想要"分得清清楚楚了。

我们在购物前，经常会考虑不周，导致家中的"废物"堆积如山，不但浪费金钱，还浪费空间。倘若能把这些钱省下来，积累20年之后必定是个不小的数目。

给自己定制购物计划

每次休息日逛商场时，那些琳琅满目的商品往往会让我们有想拥有它们的欲望，从而掏空自己的钱包。其实很多东西我们并不需要，只是一时受不了诱惑，那种占有欲在作祟，这可是省钱的死敌呀。如何消灭"敌人"呢？

购物之前为自己列个购物清单。计划尽可能从最急需的开始排列，把要购买的东西列出来。排好之后再细细地检查一下，往后排的很可能是暂时用不着的，可以先删掉，等到下次非买不可的时候再列到前面去。去买的时候就只拿计划单上写的东西，至于别的东西，看一下，饱饱眼福就好了。事后你会为自己能抵挡诱惑进而攒下不少的钱而兴奋不已。

## 购物把握合适时间

每逢节假日，商场为了促销会打折扣。每逢换季的时候，服装店打折打得就更低了，因此同样的商品，在不同时间购买，价格会很不一样的。如果想以最低的价格淘你喜欢的衣服，那就最好挑好时间去购物吧。那样往往能买到很不错又比较便宜的衣服。

## 购物小票作用大

最好把购物小票保留下来，这样不仅可以看看收款员有没有多收费，还可以在有问题时凭借购物小票来更换。另外就是把小票跟账本放在一起，方便准确记账。最重要的是可以用来比较各家商店的价格。这样就会更清楚哪家店的价格更便宜，下次就能省下更多钱了。

## 在逛街上动脑筋

钱都是在哪里花掉的呢？当然是购物了。要省钱似乎跟购物有很大关系。如果不购物，就不会想买东西，如果不买东西，钱就不会花掉。但是，如果真的很喜欢购物，一个星期不逛一次街就茶不思饭不想，这可如何是好？这里教你两招。

### 减少逛街的频率

孩子们的学习时间一定很紧，这其实有利于省钱呢。如果没有时间上街，钱就会乖乖地留在钱包里。如果平时上街经常控制不住时间，本来说好只逛一个小时的，结果因为剩下的时间还很充裕，马上就会把一个小时改成两个小时，再把两个小时改成两个半小时……这样子，在街上待的时间越长，花的钱就越多。

要怎么才能减少逛街时间？在限定的时间内去逛街就显得尤为重要了。比如说，下午放学的时候，留半个小时到一个小时的时间在街上转转，随便看一看，饱一下眼福就好了。或者，直接进店去买急需的商品，买完就走。

另外，减少逛街的次数也很重要。如果时间都被排得满满的，是不是就不会想到要去逛街？要怎么把时间排得满满的呢？首先还是个计划问题，把自己所有的时间都提前安排好，比如什么学习计划啊，运动计划啊。总之，要让逛街无空可钻。为了避免自己实在忍不住想去逛街这种事情的发生，可以把逛街当作奖励方式列在计划里面。比如说，每周的学习任务顺利完成了，就可以奖励自己一次逛街，在此期间让自己的身心轻松，但是时间不要太久。

不带钱包，轻松逛街

乐乐每次出门时都会带上足够的钱，她担心看上自己喜欢的东西因为带的钱不够扫兴而归。逛街的时候是不是带的钱越多越好？钱不一定要花光，但是多带点会更保险？如果这样想可就大错特错了。因为在商店里，人会很有购物欲望的，而且，如果钱包里的钱够多还会助长购物欲望哦。乐乐每次都是把钱花光了拎着一大堆东西回家，回家后才发现，其实很多东西没必要买的，只是一时冲动，加上口袋里还有钱就买了。

如何让自己的钱更加保险？答案只有一个，那就是把钱留在家里。上街的时候只要带够购物单上要买的物品所需花费的钱就行了，带多了只会不安全。如果没有东西要买，只是想上街逛逛，那就更容易了，带够交通费就行了。既省钱，又能充分享受购物的乐趣，两全其美，何乐而不为呢？逛街的时候，不只是购物才会有乐趣的，不购物也可以玩得更开心。因为这样，你不用担心自己的钱又白白花掉。如果有富裕时间的话，想逛多久就逛多久，让自己的目光毫无顾忌地去饱览所有喜欢的物品。

## 买书如何省钱

学生经常要买书，买书的支出可以说是占据了零花钱的很大一部分。但是书不能不买，何况它还是一种很好的智力投资。倘若能在买书上动动脑筋，必定可以省下不小的一笔钱，至少可以多买几本书。如何才能享受到知识带给自己的乐趣，又避免在买书的开支上花很多钱呢？

网络购书

网购现在已经成为买书的一个重要的渠道，它包括两个突出的优势：一是折扣大，二是找书方便。比较有名的图书网有当当网等。

当当网是目前最大的网上图书交易市场。它的一个最大的好处就是新用户买书不用先注册就能买，填个邮箱就行。还有，当当网上的2元书的选择比较多。其他如卓越网等，也都是购书的网站等。

超市购书

买书，原先是该上书店的，但每个城市，有名的大书店也就那几家。散落在四处，去一趟不易。真去了又发现，书多不容易查找。

其实，如果只想找些热门读物，稍稍留心就能发现，城市的很多大型超市中都设有书报专柜——热门杂志一应俱全：畅销小说、保健手册、家庭食谱、经典管理等都有。

除了方便，超市还用价格诱惑人。纸老虎读书俱乐部的会员可以享受购书优惠。有的干脆在原书定价上贴上自己的价签，直接打折。省事又省钱。

你会"抄书"吗

在书店我们经常会看到这样一种现象，很多人旁若无人地坐在楼梯台阶上，头也不抬地读着手中的书。更让你惊讶的是，其中还有几位正在"埋头苦抄"。

的确，倘若只是需要书中的部分资料，或者觉得某些书看过了就可以扔掉，实在没必要买。那么，"抄书"是一个不错的选择。

这几年，随着图书出版业的迅速发展，新书越来越多，倘若本本都买，经济上很难跟上，也是一个不小的浪费，所以去书店看看、抄抄是一个值得提倡的方法。不过，读书人嘛，一定要爱惜书哦，可不要把书弄脏，或在书上涂画，否则，让人家怎么卖呀？

也要顾及书店的利益呀！

### 网上下载书籍

说起从网上下载图书，不少人认为这是最快捷、最经济的读书方式。如今能够提供数字图书下载的网站越来越多等。倘若家里有电脑，可以把网上提供的图书下载到自己电脑的硬盘中，一边听着音乐，一边津津有味地阅读，何乐而不为？

不过，这个方法不宜常用，时间长的话会伤害眼睛。

### 书吧"读书"

去租书店租书也是一个省钱的办法，不过，遗憾的是，现在市场上的绝大多数租书店，能提供适合中学生阅读的图书是少之又少。

可以考虑去书吧办张月卡或年卡。如今的书吧很多，不同的书吧，所提供图书的重点也不同，相信信息灵通一点，一定可以找到专门为中学生开设的书吧。

## 告别"月光光"

身边的同学们用自己的钱买自己喜欢的"奢侈品"，或者有的同学可以在假日里用他们的储蓄结伴旅行，很是让人羡慕，然而也很是郁闷：怎么我就是省不出钱来呢？我的零花钱也不比别人少，可就是不知不觉就变成"月光光"了。问题到底出在哪儿呢？我发过好多次誓都不行，难道我真的是"无可救药"了么？

研究者表示：消费是习惯、价值观的问题。所以彻底的改变还是得从小培养。成年以后，要靠自己的力量去改变就更难了。

所以说，现在去改变，完全来得及！即使是中毒已深的"月光族"，一般的省钱办法已经救不了你，也可以尝试另外的方法。

一是强迫扣款。

钱放在口袋里就想花，那么倘若把它锁起来，是不是会好一点呢？如果这一招还不够，那么就来个更狠一点的：把钱放在银行或者托一个值得信任的人帮你保管。每个月都把一部分钱收起来，规定自己只用剩下的钱消费，强迫自己储蓄。

万事开头难，需要靠外力来帮助自己积累第一部分钱，培养自己的成就感。等到积累的钱越来越多，成就感就会推动你以更大的力度去储蓄或者投资，慢慢的，好习惯养成了，你就不需要每次都严格克制自己了。

二是分"需要"和"想要"记账

相信你已经知道了：要省钱，记账很重要。不过，在记账和做财务预算时，一定要先弄清楚哪些花费是自己真正"需要"，哪些只是"想要"的。

容易冲动消费的"月光光"们掏钱，一定要想清楚要买的东西是"需要"还是"想要"，然后尽量压缩"想要"的部分，只买"需要"的。

完整的记账最好记一年，因为一年是最完整的周期，爸妈的生日、朋友的生日……该花的钱都经历过了，以后就可以根据过去一年的消费记录来规划。

三是避免群体消费

和同学一起出去逛街，一起光顾小吃店，多有趣呀！不过，这可能是一个让你"意外破财"的迷局。

"群体消费和个人消费是绝对不一样的"，研究消费的专家提醒我们：尽量避免和朋友一起逛街。打个比方：一个人出去，打算买一件衬衫。回来时可能就只是一件衬衫。跟朋友出去，可能回来时还多出一条裙子，还可能去吃饭、唱歌、看电影，这样一起花钱可是一大笔财产呢。

四是学会发泄

考试成绩糟糕、和好朋友闹了矛盾、被老师训了一顿、喜欢的那个人今天对我不理不睬……哎，做中学生就是累，这么多烦人的事情。于是情绪一低落，就喜欢逛街大采购，花钱来让自己开心，结果白白出了一次"血"。

其实，除了花钱，犒赏自己的东西很多，如和朋友聊聊天、睡一觉、听听音乐等，只要找到适合你自己的方法就好了。

五是边投资边享受

同样是花钱，与其花在消耗型的享受上，不如花在投资型的享受。

比如说衣服和零食，就属于消耗型的享受，对长远的生活没有太大的帮助。又比如图书，就属于投资型的享受，不仅可以享受读书的乐趣，还是一种对未来的投资呢。

## 戒掉坏习惯

俗话说："习惯成自然"，倘若你身边的某位同学花钱如流水，我们会说他"养成了大手大脚花钱的坏习惯"，可见习惯对省钱、花钱的影响力。一些在我们看来没什么大不了的习惯，其实是我们攒钱、变富有的"死对头"。让我们来看一看这些坏习惯的"症状"何在，赶快离开它们吧！

坏习惯之一：做别人没做过的事很牛

我们的生活越来越富裕，可供人们享受的物质也越来越丰富，就拿现在更新换代最快的电子产品来说吧。以前还只是单放机和复读机，现在是 MP3 和 MP4。这些东西就像手机一样，很快就会推出新的产品。无论是式样还是功能新的都比旧的诱人。如果我们什么都要最新的，那该是多大的浪费！

其实，此类东西只要够用就好了，没有必要看到某某同学买了一款新的 MP4 就蠢蠢欲动，甚至想要买个品牌比她的更好的。你是希望只用原来的 MP3，然后把钱存起来以后买更多的好东西，还是倾囊去买一个新出的但是价格不菲的 MP4 呢？明智的选择是前者。

请永远记住：做第一个吃螃蟹的人是要付出代价的，更悲惨的是可能损失更大。

坏习惯之二：追求时髦

买衣服的时候，你是否经常产生追求时髦的念头，因为我们都喜欢被人这样夸奖：你的新衣服好摩登啊。为了抓住我们的这种心理，现在服装店的导购，最喜欢用的一个词就是"洋气"。只要是新版的衣服，只要你去试穿，他们都会说穿在你身上很合适、很洋气。于是乎，为了所谓"洋气"，毫不犹豫地打开了自己的钱包。

你有没有想过，那些时髦的衣服其实是有时间限制的，不过是各领风骚三五天罢了。说三五天也许有点夸张，但你自己也很清楚，不管它们的质量有多好，只要时下不再流行了，你一定会抛弃它们！想想看，你用高价钱买来的衣服却只能穿很短的时间，这样不是很不合算吗？如果你杜绝这样的行为，是不是可以买更多自己喜欢而且使用期更长的东西？

坏习惯之三：买很多廉价但用不着的东西

把钱投资在时髦的衣服上是很不好的坏习惯。那是不是意味着拿那些钱去买更多廉价的东西才是完美的打算呢？比如说进折扣店、进清货店买回一大堆你认为便宜以后会用得着的东西。

其实，所谓便宜是相对于它们的原价而言的，也许它们看起来真的很便宜，但是你确定你真的需要它们么？大多数时候答案是：

不！现在我们知道这是坏习惯了，要怎么去克服呢？

做心理暗示。类似的折扣店其实一直都会有的，因为那也是商家用来促销的手段之一啊。你完全不用着急去把你认为以后可能用得着的东西都买下来，因为买完之后，下次进折扣店你会后悔哦，而且这些东西有可能比现在更便宜呢。

坏习惯之四：大方就是花钱多

每当你过生日的时候你会和朋友大吃一顿。吃饭吃什么？去哪里吃？这个很重要。是不是越贵的东西就越好吃？越豪华的地方就让你觉得更有面子？果真如此吗？

其实，大家在一起无非是图个开心，如果他们真把你当朋友，我相信他们不会介意吃什么和去哪吃。如果你的钱包已经瘪了却硬要打肿脸充胖子，你一定不会开心。如果做主人的你都不开心，又怎能让他们开心？就算你在别的地方省下了很多钱，也不可以一次性投到海里。因为一时的脸面并不能令你开心多久，而且做完你就会后悔自己图一时的虚荣。

朋友过生日你送他们礼物也是一样的道理。礼物并非越贵越好，最重要的是看它的意义。很多时候，一本怀旧版的日记本会比一束百合花来得实在和有意义。每次记日记的时候朋友想到你会觉得很温暖，日记本记完了翻看的时候也会觉得温馨的，而花经过时间的打磨只会剩下几片秃叶子。

坏习惯之五：砸钱能让我有面子

如果大家一起去郊游或者聚会，你要怎么让他人对你产生好感呢？开口闭口就是请客吃饭，砸钱会让人觉得你很酷么？当然不是！把钱省下来买些大家都感兴趣的课外书，接下来你们交流一下效果会更好咧。

# 存钱的错误观点

必须明白，存钱是为了让自己形成良好的理财习惯。存下来的钱，是为了实现我们的梦想。倘若背离这个初衷，盲目地省钱，那么反而会起反作用。不过，不幸的是，这些人人皆知的存钱误区，似乎在中学生中是普遍存在的。不信的话，就一起来看看吧。

## 早餐钱不能省

有记者在北京某所中学做调查时发现：一个40多人的班级竟有10多个人患有胃病。其中大多数都是由于"不吃早餐"或者"不好好吃早餐"而引起的。问及原因，"没有时间"和"省钱"占绝大多数。

当你看到这则新闻时，不以为意。因为这样的事你早就见怪不怪了，也或许你自己就无数次地"身体力行"过。早餐钱可能是中学生们最大的收入来源了。目前我国绝大多数家庭都是双职工家庭。由于工作忙，再加上孩子上学时间早，父母往往对孩子的早餐无暇顾及，多数情况下就是给足够的早餐钱，让孩子自己在外面解决。

父母或许还有些歉疚，不能亲自为你做早餐，哪知道你正躲在某个角落"窃喜"呢！一下子有了这么一大笔钱，不吃早餐或少吃早餐，余下的就可以自由发挥。多惬意呀！这样，原本应该"专款专用"的早餐钱，却被五花八门地"挪用"。也许，你还在得意自己骗过了父母，其实，这样伤害了你自己的身体，得不偿失。

健康是根本

健康是不可估量的财富。无论是体力劳动者还是脑力劳动者，都把健康作为一个最有价值的财产。没有健康，生命就不会有乐趣。没有乐趣，所有的奋斗都是一句空话。

更何况，现在的医疗费如此可怕，没有什么比不生病更省钱的了。也许你现在还年轻，感受不到健康问题带给自己的紧迫感，但这却并不表示这种隐患不存在。年轻时对身体的透支，中年后就会给自己找麻烦。很多中年后多发的慢性病其实都和早年的不良生活习惯有关。

为什么老年人比年轻人更喜欢锻炼？仅仅是因为他们无聊吗？当然不是，更多的，是因为他们在经历了大半辈子之后，比任何人都更深刻地体验到健康的重要性。

所以，省下早餐钱，看似是在省钱，其实是一种最严重的浪费。所不同的是，省下的是现在的一点钱，浪费的却是自己最宝贵的财富。

早餐是"必修课"

在我们的日常生活中，早餐是必不可少的，绝对不是"选修课"，而应该成为永远的"必修课"，无论你有多少个省钱理由，都不应该拿早餐钱"开刀"。

俗话说："一年之计在于春，一日之计在于晨。"对学生来讲，早餐应该是一日三餐中的重中之重。量足质优的早餐，能够保证你一天都有充沛的精力去迎接新一天的学习和活动。相反，胡吃、乱吃或不吃早餐则会对你的身心造成不可弥补的损害。

中学阶段是长知识、长身体的阶段，也是增强体质最重要、最有利的时期，更是行为习惯、生活方式形成的关键时期。良好的营养对你的身体和智力发育都起着极重要的作用。倘若你不想成为一个"小矮人"，不想在日后成为一个百病缠身的人，那么以后可一定要注意早餐吃好，别再干省"早餐钱"的傻事了。

营养专家认为：中小学生的早餐既要有粮食，也要有蛋白质丰富的食物，要做到稠稀搭配、主副食兼顾，还要经常变换花样，以增进食欲。这样你的身体才能摄取足够的营养。

上学带饭盒

尽管靠"不吃早餐"或"凑合早餐"来节约钱是错误的，但我们还是支持你在保证吃好早餐的前提下适当耍耍花招来节省钱的。

倘若爸爸妈妈有做早餐的习惯，你可以准备一个保暖饭盒，让他们替你准备一份早餐带到学校，既经济又卫生。倘若你喜欢吃面包，完全可以在家附近买一份带到学校，既便宜又比学校的新鲜。至于牛奶，从超市或批发部买一箱回家带到学校去喝绝对比在学校小卖店买要省很多。水果对于早餐来说是一个极佳的选择，所以，你还可以从家里带上一两个水果。这样既省下了钱，又保证了我们的健康。

## 不做葛朗台

葛朗台的故事你一定早就耳熟能详了。如果单单只论储蓄，那么他一定是这个世界上最成功的攒钱者。然而，当一个人"嗜财如命"到一毛不拔的地步，将金钱凌驾于生活、感情之上时，那么攒钱就失去它的意义了。葛朗台，拥有那么多的金钱，这也舍不得，那也舍不得，就连自己的女儿出嫁，都挖空心思地想怎么省钱。不仅自己和家人的生活品质非常差，而且还落得个众叛亲离的下场。这样的人生是多么可怕和可悲呀！所以，我们要弄清楚一个概念：攒钱和守财是两个不同的概念。在攒钱这个问题上，要明确自己的目标和态度。

攒钱的目的之一：实现梦想

尽管金钱对人生不可或缺，然而我们要说："金钱毕竟是身外之物。"之所以要攒钱，很大程度上还是为了支撑自己的梦想。毕竟，梦想的无限可能及实现，才是人生乐趣无穷的最大源泉。

倘若仅仅为了攒钱而攒钱，为了省钱，将自己所有的梦想都埋在心底或是选择性忽略，那么人生还有什么乐趣而言呢？生命短暂，我们也不要对自己太苛刻了。钱虽然重要，但不可能超越于生命。

攒钱的第一要义：美丽人生

根据上面的内容，之所以要攒钱，很大一个原因，是因为金钱和人生的质量密切相关。我们不可能一辈子都处于青壮年时代，所以我们需要攒钱以备退休之需；我们都不可避免地要面对生老病死，所以我们必需攒钱来应对一些突发情况。更何况现在失业率越来越高，倘若手上没有一笔钱作为应急之用，你会整日惶惶不安，这样的人生又何谈幸福呢？所以，我们需要攒钱。

但切不可本末倒置。我们是为了获得幸福的人生而攒钱，而绝不是攒钱就能带给我们幸福感。一味地聚财，只会让生命变得暗淡无光，美好的生活离自己越来越远。

攒钱的一种境界：让金钱更有价值

我们把钱攒起来，可以把它用来投资，挣更多的钱，为社会创造更多的财富，我们可以用钱，去奉献这个社会，去帮助那些需要帮助的人……这样，会比一时的挥霍有价值，有意义得多，来之不易的金钱，也会因此而大放光彩。

不过，如果让这些钱变成放在仓库的"积压品"，那么，它便会变得和废纸一样毫无意义。钱是由人发明的，也是由人创造的。更应该由人去掌握。我们应该做金钱的主人，而不是反过来成为金钱的奴隶。

爱和尊重超越金钱

人生有很多比金钱更重要的东西，其中最珍贵的东西就是“爱”。我们每个人都需要爱。爱，让原本平淡的生命变得有滋有味；爱，可以让人幸福快乐地活着。无论何时，“爱”都是凌驾于金钱之上的。因为钱而牺牲爱，实在不是智者之所为。

除了爱，我们还需要一个很重要的东西，那就是——尊重。任何人都需要被尊重。失去自尊和尊重，是比失去爱更可怕的事情。施舍和善良会让你赢得别人的尊重，而吝啬和贪婪只会让所有的人都对你抱以鄙夷的目光，无论你多么富有。

# 第三章 提高我们的财商

## 授之以鱼不如授之以渔

10岁的鹏程随父母来到纽约，继续上小学。由于学习任务少，接触富家子弟多，他渐渐学会了大手大脚花钱。无论父母每次给他多少钱他很快就花光，然后又找父母要。

父母感到这样不是办法。父亲的一个美国朋友比特建议道："让你的孩子做一些家务活，比如擦地板、修剪草坪什么的。这样孩子可以体验到乐趣，还可以赚到可观的零花钱，他一定会开心。"

起初父母认为这样做不恰当。但是在比特的说服下还是打算试一试。正像比特预料的那样，鹏程听说干家务活能够赚到可观的零花钱，马上兴趣大增。于是父母把工钱列出了单子：洗一桶衣服2美元，擦地板、修剪草坪、清洗汽车也有报酬分别为2美元、3美元、4美元。

在接下来的日子里，父母看到鹏程满脸汗珠仍一丝不苟劳动的情景，觉得儿子变得成熟多了。一个月下来，鹏程通过劳动赚到了66美元。他花20美元买了一双溜冰鞋，显得开心又自豪。他体验到赚钱不容易，懂得钱不会从天上掉下来，也懂得了只知道赚钱是不够的，还必须知道怎样花钱，于是鹏程主动向爸爸学习理财知识。

　　常言说得好："授之以鱼，不如授之以渔。"同样的道理，父母直接给孩子钱，不如教孩子赚钱的方法，向孩子灌输理财知识，激发孩子主动学习理财知识的愿望。这样的家教理念不但减轻了父母的负担。更重要的是能取得更好的教子效果。

　　只给孩子"鱼"，而不教孩子怎样"钓鱼"，孩子永远处于伸手向父母要"鱼"的境地。如此，即使父母"钓鱼"的本领再高超，也难以满足孩子对"鱼"的需要。父母要想孩子得到"鱼"之后，珍惜手中的"鱼"，家长必须让孩子体验"钓鱼"的乐趣与不易。否则，孩子很难改变铺张浪费的坏习惯。

　　给孩子零花钱就是这个道理，许多富有的家长都感叹："孩子花钱如流水，我有多少钱也不够他花呀！"不少孩子不会赚钱，但花钱却不知心疼，正是因为没有学会"渔"。因此，家长们要想让孩子学会花钱、管钱，就必须首先让孩子学会挣钱，这样孩子的理财意识才会增强。

　　首先，放假期间，让孩子打零工。当孩子通过辛苦劳动挣来零花钱时，就知道挣钱不容易。同时他也会明白要想有钱，就应该诚实劳动。这样他赚来的辛苦钱就不会被轻易花掉，他会想着怎么花能花的时间更长、买的东西更多，自然而然地产生理财意识和学习理财知识的愿望。

　　其次，当孩子手头有钱需要管理时，父母可以教孩子学会记账。让他明白记账是有计划花钱的有效方式，这样孩子就会通过记账慢慢改变大手大脚花钱的习惯，学会精打细算，规划自己的消费。

　　再次，家长应进一步引导孩子学会储蓄。让孩子把省下的钱存进银行，告诉他储蓄可以得到利息，这可以激发孩子储蓄的愿望。当他看到自己的存折上有一条条存款记录时，会有一种成就感。

最后，家长应该和孩子探讨理财技巧。茶余饭后，检查一下孩子的账本，指出其中花的不合理的款项，指导孩子不断改进。多和孩子探讨理财知识，并询问孩子的理财心得。这样能及时了解孩子的理财能力，便于指导和教育。

父母要停止"只给孩子钱而不教孩子花钱"的做法，要学会教孩子挣钱，激发孩子的理财愿望，当发现孩子对理财产生兴趣的时候，就可以将理财知识传授给孩子。

# 设立理财账户

吴浩把出国的理想对爸妈说了。爸爸妈妈见他有如此想法，在他8岁的时候就给他办理了一个定期存折，如今他已经存了11万元，吴浩自豪地说："将来出国就不用再让父母掏钱了。"

吴浩班里还有很多同学在父母的帮助下开始理财。孙玉沁和韩玉婷都有了理财账户，她们准备拿出1万元委托妈妈投资基金。胡一凡则准备把钱给爸爸，让他帮自己炒股，因为爸爸是炒股的行家，平时上学的时候由爸爸帮忙打理，有空的时候自己会根据行情买进卖出。

过年时，孩子收到上千元压岁钱已相当普遍，可是如何让孩子合理利用手中的压岁钱，是让父母犯难的问题。专家建议明智的父母应该趁早为孩子设立一个银行账户，帮助孩子从小树立良好的理财意识。

为了让孩子建立"自己的钱"的观念，父母可以为孩子在银行开设单独账户。6到12岁是儿童理财观念培养的黄金时间，在这个时期，家长可以领孩子去银行开设独立账户，让孩子定期存钱，告诉孩子利息的概念，将银行储蓄的方法、种类、利率等知识逐渐教授给孩子，这种体验式的教育能让孩子对理财印象更深刻。给孩子开设一个理财账户，可以培养孩子的理财观念，这既是培养孩子良好的生活习惯的需要，也有利于孩子及早形成独立的生活能力。

在投资之前，父母必须针对家庭和孩子的特点。量体裁衣，为孩子选择合适的理财产品。小学阶段之前的儿童，压岁钱的积累时间较长。父母可以为孩子选择长期的理财产品，中学、高中阶段的孩子，压岁钱用于理财的时间较短，父母可以为孩子选择相对激进的中短期理财产品。

据了解，在如今的金融市场上，有许多理财产品可以培养儿童的理财能力。日常熟悉的各大银行一般的储蓄产品，如活期账户、零存整取、整存整取、定活两便等，这些理财方式都可以为孩子开设独立的账户。此外，一些银行推出的专门少儿账户，可以由家长与孩子共同管理。

专家建议，当孩子想买自己心仪已久的贵重物品时，可以把钱存起来，等存够了再买。这样，为了实现自己的某项目标，孩子就会学会合理保管钱，尽量让钱保值增值。给孩子开设的账户应该是存折，而不应该是银行卡，这样方便孩子看到自己存入的金额，让孩子体验到"积少成多"的乐趣，日积月累，养成储蓄的好习惯。

# 什么是利息

小林在五岁时，爸爸给他买了一个小牛存钱罐，这是小林的"小牛银行"。小林每次往"小牛"肚子里放 5 角钱，爸爸就会偷偷地往里放 1 角钱作为"利息"。其实，银行的利息根本没有这么高，但是爸爸的意图在于让小林感受一下获得利息的感觉，知道钱"生"钱的道理，促使他养成存钱的习惯。

小林上五年级的时候，爸爸带他去银行开户，并给他建立了一个私人账户，让他自己管理零花钱。随着小林长大，爸爸开始引导他计算银行利息。爸爸举了一个例子。说："假如你每天往银行里存 1 元钱，一年的利率是 5%，那么每天的利率就是 $0.05 \div 365 = 0.000137$。那第一天存的 1 元钱，到年底得到的利息就是 $365 \times 0.000137$；第二天存入的 1 元钱，到年底得到的利息就是 $364 \times 0.000137 \cdots \cdots$ 那么一年得到的利息就是 $0.000137 \times (365 + 364 + 363 + 362 + \cdots \cdots 1) = 385$，这就表明赚了 20 元钱（$385 - 365 = 20$）。

让孩子从小就明白，利息是资金所有者由于向国家借出资金而取得的报酬，对培养孩子的储蓄习惯很有帮助。

同时，也可以利用存钱罐来培养孩子攒钱的习惯，当孩子的存钱罐里有不少存款时，当孩子到了一定年龄时，可以带孩子去银行开设他的个人存款账户，让孩子保管好自己的存折。

让孩子找到"有自己的钱"的感觉。他用钱的时候也会有"用自己的钱"的感觉。这对限制孩子乱花钱的行为很有效果，还能让孩子明白存钱是一种投资理财行为，有利于进一步引导孩子学理财投资技巧。

随着孩子渐渐长大，应该明白："存钱是最基本的理财方式，也是获利最少的理财方式，要想获得更多的收益，就应该善于投资和理财。"向孩子介绍一些常用理财工具，让孩子知道存钱不是最终目的，存钱的手段是理财，存钱的目的是为了让我们的生活更幸福。

# 信用卡的用处

邹涛马上就要升学了，爸爸妈妈决定让他了解一下更多的消费方式，于是给他办了一张信用卡，鼓励他实践一下，这样便于更全面地了解信用卡。

爸爸认真地告诉邹涛："信用卡是个人信用的凭证。正确合理地使用信用卡，可以树立起良好的信誉，这对今后充分利用信用卡很重要。"

妈妈以自己的信用卡单为例，告诉邹涛透支带来的损失和影响。她说："一旦在使用中透支，一定要在银行规定的期限内将钱存进去，否则要支付利息和罚息。这是很没有必要的。

如今，信用卡与我们的生活联系越来越紧密，了解信用卡，合理有效地使用信用卡是我们每个人应该重视的。了解信用卡不是一蹴而就的事情，这需要父母多给孩子讲解，同时在实践中操作，才能把信用卡的使用知识了解得更透彻，让信用卡成为孩子消费的好工具。

若想充分利用信用卡的理财作用，还需要明白下面的常识：

消费要理性。不要被银行或商家的奖励措施及促销手段冲昏了头脑，从而盲目消费。控制自己的购买欲望，适当调整自己的消费习惯，消费时要考虑自己的财力是否能承担。如果过度消费，到期不能还款，将要支付高额利息，从而导致自己面临财政恶化的困境。

定期还款。每次刷卡后要及时还款，拿到对账单之后一定要详细查看还款日期，不要选择还款日当天在自动存款机还款，而要在柜台确定已还清透支款项。如果没有按期还清款项，银行会收取每日万分之五（年息18%）的高额利息和滞纳金，那就得不偿失了。

存取款不可取。在信用卡中存款是没有利息的。所以。不要把信用卡当作储蓄卡往里面存钱。

信用卡不需要多。很多人一打开钱包，各种各样的信用卡非常多。但是卡多了容易记混，以致不知道哪个卡需要还钱，还款期是什么时候。如果不能做好还款规划，很容易产生还款不及时。给信用记录带来影响。因此，办信用卡不能求多，而应该根据自己的消费需求选择适合自己的信用卡，拥有一两张常用的就可以了。

（5）别让信用卡"睡大觉"。王先生的信用卡只用过几次，就被放在抽屉里。因为他觉得每次刷卡后都要记着去还款，不如直接使用现金来得方便。然而，之后他发现卡里还有一笔钱过期未还，王先生后悔不已。

有的人办理信用卡之后长期不使用，久而久之，持卡人很容易将卡片遗忘，甚至记不清是否还清了所有欠款，容易造成逾期还款记录。告诉孩子，既然办理信用卡，就要充分利用。如果确实没有使用信用卡的需要，可还清欠款后注销，不要任凭信用卡躺在角落里"睡大觉"。

信用卡可以为我们提供方便，但是如果使用不当，还会给我们带来很多麻烦。因此，我们应明白信用卡应该怎样去使用。

# 常用的投资理财工具

李晨的爸爸在银行工作，对投资理财很有研究。李晨9岁时，爸爸开始逐渐将一些常见的投资理财工具介绍给她。通过爸爸潜移默化的影响，李晨对理财工具有了了解，并自然而然地形成了理财习惯。

过年的压岁钱和平时的零花钱，都被她存进了储蓄罐，当有了一定的数额后，让爸爸陪她去存进自己的账户里。看着自己的存折上有许多存钱的记录，李晨显得特别高兴，她说以后要用这笔钱供自己上大学。

要想培养孩子的理财意识，就应该让孩子知道怎样理财，而前提是让孩子了解理财工具。一般人的投资理财工具经常是这些：

储蓄。储蓄是一种传统的理财方式，它凭借安全性早已根深蒂固于人们的思想观念之中。有调查显示，储蓄是大多数居民理财的首选。与储蓄紧密相关的是利息，利息高有利于吸引人们存款，利息低储蓄的收益就低。

保险。买保险既是对自身利益的一种保障，也是一种受人追捧的投资行为。近年来，收益类险种一经推出，便备受人们欢迎。与孩子相关的保险有教育险、意外伤害险、医疗保险等，家长应该将各种保险的特点告诉孩子。

炒股。炒股就是买卖股票，靠做股票生意而获得收益。买了股票其实就是买了企业的所有权。"股市有风险，入市需谨慎"这句话是每个投资者都应该牢记在心的。一直以来，炒股被人们视为高风险、高收益的投资理财方式，股市的最大特点就是不确定性，机会与风险是并存的。因此，应该对炒股保持谨慎的态度。

基金。基金是一种投资工具，证券投资基金把众多投资人的资金汇集起来，由基金托管人（例如银行）托管，由专业的基金管理公司管理和运用，通过投资于股票和债券等证券，实现收益的目的。通俗地说，基金就是你把钱交给基金经理，然后他替你赚钱。这对工作很忙的人或没有投资经历的人来说，是比较稳妥的办法。基金具有收益稳定、风险较小等优势和特点，比较适合长期投资。

债券。债券是政府、金融机构、工商企业等机构直接向社会借债筹措资金时，向投资者发行并承诺按一定利率支付利息并按约定条件偿还本金的债权债务凭证。由于债券的利息通常是事先确定的，所以，债券又被称为固定利息证券。债券的本质是债的证明书，具有法律效力。

炒金。炒金实际上是指投资黄金，即通过买卖黄金赚取差额获得收益。

国债。国债又称国家公债，是国家以其信用为基础，按照债的一般原则，通过向社会筹集资金所形成的债权债务关系。

国债是由国家发行的债券，是中央政府为筹集财政资金而发行的一种政府债券，是中央政府向投资者出具的、承诺在一定时期支付利息和到期偿还本金的债权债务凭证。由于国债的发行主体是国家，所以它具有最高的信用度，被公认为最安全的投资工具。

外汇。外汇是国际汇兑的简称。通常指以外国货币表示的可用于国际债权债务结算的各种支付手段。包括：外国货币、外币存款、外币有价证券（政府公债、国库券、公司债券、股票等）、外币支付凭证（票据、银行存款凭证、邮政储蓄凭证等）。

# 储备教育基金

陶建的爸爸兄弟姐妹很多，陶建在过年时收到的压岁钱就很多。为了培养孩子的理财意识，爸爸把教育储蓄基金的用处告诉他，希望他把压岁钱通过定投的方式存起来，为将来上高中、上大学储备教育基金。

爸爸建议他把当年收到3300元压岁钱存起来，而且采用基金定投的方式。起先陶建并不了解这类金融产品，在爸爸的讲解下，陶建明白了自己的储蓄是为将来上高中、上大学准备的教育基金，于是高兴地接受了爸爸的建议。

面对孩子高额的教育费用，该如何做好教育资金的筹划？来自基金公司的理财专家提出，最好的办法莫过于采用基金定投的方式，通过日积月累，聚沙成塔，这样既不会给家庭日常支出带来过大的压力，也可以让孩子参与进来，把孩子的钱当作定投资金存起来，最终享受复利的优势，通过理财观念的进步，让钱生钱。

教育储备基金是一种零存整取性的储蓄，利息比同期相应商业储蓄略高一点，有储蓄上限，需要有就读学校或户口之类的证明，具体可到银行咨询。

通常，准备教育基金可以采用定投方式购买基金，也可以购买相应的保险。这一类的产品很多，教育基金的建立主要是长期有规律地存入，一次性取用。具体购买什么，父母应该和孩子商量，并结合家庭的经济情况。还可以到银行理财柜台咨询，要仔细阅读产品介绍，找到适合自己的品种。

基金定投比较适合孩子教育金储备。因为它比起其他储蓄能获得更好的收益，另外，从长期来看，其风险比较小。在具体基金配置上，教育金储蓄应以稳健为宜，建议选择一只指数型基金加一只配置型基金的组合投资。基金定投属于被动的简单化理财，只有经过长期的投资，才能显示定投的优势。

理财专家提醒，用基金定投筹集孩子的教育经费要注意掌握三个投资技巧：

（1）趁早开始，因为这种投资时间越长，所享受的复利效果越明显，累积的财富也就越多。

（2）坚持长期投资，基金定投采用平均成本概念降低了投资风险，但这也相应地要求长期投资，才能克服市场波动风险，并在市场回升时获利。

（3）当基金净值低时停止扣款要慎重，基金净值有高低波动，最悲观的时候往往也是最低点的时候，由于低点时可买进较多的基金份额，等到股市缓和后可以得到更多的收益。

# 收藏品适合孩子的简单投资

朱华颖在春节期间收到了近1万元的压岁钱，加上平时存起来的零花钱，差不多有1.2万元。爸爸说把钱存进银行利息太低不划算，朱华颖说买金融产品进行投资她又不熟悉，最后和爸爸妈妈一商量，决定买些收藏品，既可作为纪念，亦可小额投资，双方可以同时兼顾。

于是他们一起高高兴兴地把那套早就看中的奥运题材的金银币买回了家。

收藏也是理财方法之一。如果孩子已上初中或高中，同时对集邮、集纪念币等比较感兴趣，就可以让他用压岁钱购买，这样，不仅可以培养孩子对收藏艺术的兴趣，还能陶冶情操，等以后找到合适的机会将收藏品变成现金，收益可能会高于普通的投资。因此，家长应该让孩子了解常见的收藏品的类型以及具体的注意事项。

## 金属纪念品

据悉，很多银行都有实物黄金纪念品出售。如建行"龙鼎金"实物黄金产品，民生银行推出的贺岁金条。春节期间的贵金属生肖纪念品、纪念金条以及各类奥运纪念藏品都值得孩子去收藏。银行理财人士称，家长和孩子可以考虑用压岁钱购买一些具有艺术欣赏和收藏价值的物品用来收藏。

## 旧陶瓷、玻璃

普通家庭很少有官窑瓷器，但一些近代的瓶、盆、碗、碟、缸之类的小件陶瓷或玻璃器皿还是有的。比如，紫砂器就属于这类收藏品，它是我国特有的器物，特别是20世纪70年代以前的紫砂壶、紫砂盆，物稀价高。还有一些木刻、竹刻及竹藤编结等传统工艺，都价值不菲。旧时的竹藤饭盒、书箱、提篮也很有收藏价值。

假如你家也有这些看似"废品"的旧物的话，不妨好好琢磨一下，或许它能变废为宝，给你带来收入。

## 旧金属器皿

如铜制的手炉、香炉、果盆、脸盆、脚炉、水烟壶、杯托、暖壶、水盂、烛台、帐钩、墨盒、镇纸等；锡制的酒壶、茶叶罐等；还有镏金镀银的佛像之类。在铜制品中，铜制品最有收藏价值。若有刻花刻字，则价值更高。

## 旧信封、旧挂历

一个贴有早期纪念、特种邮票、文革票的旧信封的价值，比起剪下来的邮票高得多，如清代的一封旧信封价格高达数千元甚至数万元。就连那些旧挂历，虽然不能与真品相提并论，但是也很有收藏价值。

### 旧书故纸，过期票证

众所周知，旧线装书和新中国成立前出版的一些旧书及一些报纸创刊号是很有价值的。20世纪五六十年代的一些版本的中外名著、专业杂志和连环画，价钱高出市价几十倍。现在连环画越来越少，旧版整套《三国演义》连环画，市价已达500多元，还很难寻到。各种过期票据，如粮票、布票、油票、烟票、糖票、煤票等都有收藏价值，年代越早的越值钱。

### 旧钟表、旧钢笔

在这类收藏品中。不乏价值连城的古董。因此，这些物品不要轻易丢弃，或当作"破烂"处理，而应该仔细观察它们的"国籍"、"出生"年月，并进行妥善保管。有些钟表，比如挂表，表面上看起来非常土气，但说不定是极具价值的古董。又如眼镜，过去有很多眼镜的框架是玳瑁做的，具有很高的价值。

### 旧家具

旧家具看起来很不起眼，很多人认为它应该被抛弃，但家具是越旧越值钱。据中央电视台投资节目介绍，一些出自清代的旧木箱能卖到上万元钱。因此，如果你家有旧家具，千万不要"看不起"它，而应该掂掂它的"含金量"。

平时多注意生活中的细节和不起眼的事物，在遇到"特殊之物"时，通过判断和考察，选择我们认为值得收藏的物品，也可以进行一些投资。

# 你要懂得父母是怎样赚钱的

有一位父亲说他自幼家贫，每一角钱都是自己想尽办法挣来的。

后来，他做生意发财了，全家人过上了好日子，他不希望儿子吃同样的苦。所以孩子要买什么，只要是他买得起的，基本上都答应。

有时候，妻子说他纵容孩子，比如孩子要去迪斯尼乐园或跟朋友出去吃饭，他会毫不犹豫地把钱给孩子，满足孩子的愿望。

有一次，儿子好奇地问他："爸爸，你为什么有这么多钱，你是怎样赚钱的？我也要像你那样赚钱。"他听了儿子的话，只是一笑置之说："你还小，不懂，长大了就明白了。"就这样，每次孩子问他是怎样赚钱的，他就说："长大了就知道了。"

直到有一天，儿子在春节后的几天里花掉了 2 万元的压岁钱，他才意识到纵容孩子的后果，才想到应该让孩子了解挣钱是多么不容易……

让孩子知道钱从哪里来，了解父母是怎么赚钱的十分重要。如果父母从来不告诉孩子自己是怎么挣钱的，不告诉孩子挣钱是不容易的，孩子就会认为钱是唾手可得的，钱是从天而降的，他也就不会懂得珍惜金钱，不会合理消费。

许多家长出身贫寒，吃尽了生活的苦，当他们富裕了，他们觉得不能让孩子走自己的路，不能委屈孩子。于是，抱着只想让孩子过上好生活的单纯动机，不传授工作赚钱的理念，不让孩子知道"一分耕耘，一分收获"的道理。在经济上"宠坏"了孩子，结果害了孩子。

家长应该时刻警醒自已，培养孩子的理财观念和节俭的习惯，应该尽早开始。

在孩子三四岁的时候，就可以带着孩子去自己工作的地方参观，让孩子看看自己工作的场景，甚至可以在不影响工作的情况下让孩子参与其中，然后给孩子讲一些"劳动光荣""劳动创造财富"的道理，让孩子知道父母是通过劳动、工作来挣钱的，教育孩子树立正确的金钱观和生活态度。

当孩子长大一些后，可以鼓励孩子打工挣钱。告诉孩子："爸爸妈妈当年就是这样挣钱的，通过自己的付出换取报酬是让人自豪的事情。"引导孩子自力更生，自己挣钱，从小培养孩子的节约习惯。

# 孩子要确立正当的生意经

王女士很少给儿子强强零花钱，却意外发现儿子手里总是有很多零花钱，一问才知道。不久前家里给强强买了一套《红猫蓝兔》，其中一本强强已经有了，于是他把多出的一本卖给了班上一个同学，赚了20元钱。

没过几天，强强花两元钱买了一块大家没见过的漂亮橡皮，又以50元的高价卖给了同学，净赚48元。

强强住校，每周回家一次就会带很多好吃的去学校。一次王女士问强强："你带这么多好吃的能吃完吗？"强强说："能吃完，但是我不把它们吃完。因为我还要留一半卖给同学呢！"经过了解，王女士发现原来学校没有卖吃的。强强就把东西高价卖给同学：方便面1.5元可卖4.00元，可乐2.5元可以卖5.00元。几乎所卖的东西都翻倍，他又把赚到的钱借给同学，一周内还需加收5

块钱的利息。两周内还加收 15 元的利息。

看到儿子如此有赚钱头脑。王女士真不知应该高兴还是应该忧虑。

小小年纪的孩子，如今脑子里充满了赚钱的"鬼点子"。这是很多父母长期培养孩子理财意识的成果，他们希望孩子的小脑袋里多一点生意经，多一点投资和理财的知识，这样孩子们就容易学会精打细算，学会充分利用每一分钱。

但是，随着孩子投资理财意识的增强，他们的那些生意经越来越让父母接受不了，原因是他们的理财意识强得过了头。李先生说，一天他和女儿逛街买东西缺 50 元钱，而女儿恰好有 50 元零花钱，于是向女儿借，但是女儿却要收取利息。

调查发现，一些孩子家境优越，并不"缺钱花"。家长希望孩子有生意头脑只是为了培养孩子合理花钱的意识，并不希望孩子真的去赚钱。

因此。多数家长对孩子赚钱的"聪明劲"持反对态度。有些家长一时难以接受孩子新奇的生意经，就责骂孩子只想到钱，不顾同学友谊；有的家长干脆把孩子暴打一顿，认为孩子掉进了钱窟，不教训孩子会后患无穷。

一位中学班主任表示，家长应该对学生赚钱的做法持乐观态度。她说自己班上很多孩子的家长都是做生意的，孩子们都有很强的经商意识。自己平时也会鼓励孩子"赚钱"，比如收集废品卖钱，作为班费或者帮助家庭环境不好的同学。这位老师说，比起孩子乱花钱，孩子懂得赚钱是好的，家长的任务是做好引导工作，让孩子用正确的方式赚钱，不破坏纯洁的友谊，并把自己的财富用在正道上。

# 教育费用自己挣

据传闻一个名叫尹航的孩子 3 岁开始看股票新闻，7 岁开始为父母炒股出谋划策，10 岁下了第一单，并在几个月后赚到了自己的第一笔教育基金——小学学费。

由于尹航对炒股很有兴趣，从 3 岁多到 7 岁就经常看各类经济新闻，同时还开始虚拟炒股，以检验自己的能力。2004 年上半年，7 岁的尹航和家人在欢乐谷玩，发现那里游客特别多，又听妈妈说欢乐谷是华侨城公司的项目，尹航认定它的股票一定会涨。

当尹航提出要买进华侨城的股票时，妈妈没有听，尹航急哭了，妈妈这才买了。没想到，儿子的这一建议，让周女士获益颇丰。

尹航 10 岁那年，爸爸投资 1.4 万元作为尹航的炒股基金，赚得的资金八二分成，爸爸八，尹航二。之后尹航凭借自己对股市的判断力赚到了自己的小学学费。

事实上，我们不可能都像尹航那样，但是培养投资理财的意识，尽可能地去赚学习需要的一些费用还是很有必要的。这并不是在乎孩子能赚多少钱。而是要让他们懂得金钱来之不易，所以需要加倍珍惜，这也能在一定程度上促使孩子认真对待学习。

如今的很多孩子并不缺少钱，缺少的是花钱的意识，如果家长总是对孩子说："你放心，我有钱供你读书，你只要好好学习就够了。"孩子就不容易理解父母赚钱的辛苦，对于轻易得到的零花钱和压岁钱，孩子也不容易学会珍惜。

这时，如果父母突然对孩子说："自己的教育基金自己赚"，会让孩子从大手大脚花钱的不良心态中走出来。当孩子真正深入实际开始为自己赚教育经费时，他会获得刻骨铭心的体验。之后，才会更懂得珍惜来之不易的美好生活。

"自己的教育经费自己赚"实际上含有这样的意思：让孩子把每年的压岁钱和省下来的零花钱通过投资的形式存起来，经过一定的年限，孩子就能获得一定的收益，这笔收益加原有的本金就可供孩子上学。

总体来看，让孩子尝试着去投资、去赚钱，对培养孩子正确理财是必不可少的。在赚钱的过程中既能增长赚钱的知识，也能对金钱有进一步的了解，是一个一举两得的方法。

# 有勇气承担风险

有这样一则故事，爸爸带着 10 岁的儿子在饭店吃饭。儿子自己先吃完了，就独自到餐厅的海鲜处观鱼，过了一会儿，他跑到爸爸身边细声说："借我 16 元钱。"爸爸问他借钱干什么，他说："那里有小巴鱼出售，每条 16 元。"爸爸又问他为什么要买小巴鱼，他回答："把小巴鱼买回去养大可卖 66 元，这样就净赚 50 元了。"

爸爸笑了笑，开玩笑地说："我建议你买大巴鱼。因为把小巴鱼养大需要好长时间，买大巴鱼养一段时间，可以生小巴鱼，每生一条就可以挣 16 元，生得越多挣得越多。"

儿子觉得爸爸说得有道理，但是想了一会儿又觉得不妥，他说："我觉得还是买小巴鱼好，因为第一我现在没有 66 元钱，要到过年才有，第二买大巴鱼万一养死了就损失了 66 元钱，即使没有养死万一不是母的，也生不出小巴鱼啊，而买小巴鱼如果养死了。只损失 16 元。"

爸爸知道儿子说得有道理，但是为了让孩子看清风险和效益之间的关系，还是鼓励儿子大胆地去尝试，勇于承担风险。最终儿子在爸爸的支持下，买了一条大巴鱼，结果那条大巴鱼果真生了小巴鱼，儿子卖掉了小巴鱼赚了一笔零花钱。

应该说，任何投资都是有风险的，所以，家长也应该让孩子学会勇敢地面对投资背后的风险，要有勇气去面对高收益高风险的投资机会。

生活中，有些孩子喜欢"小打小闹"式的赚钱方式，他们害怕赔本，见好就收，以致错过了"赚大钱"的机会。对此，家长应该鼓励孩子正视投资背后的风险，不要主观地放大风险，然后把自己吓着了。而应该客观地权衡投资的收益和相应的风险，如果认准了，那就大胆地去做吧，即使失败了也是一笔人生财富。

当然了，生活中还不乏有赚钱头脑，但是没有风险意识的孩子。在投资面前，他们有时候显得很感性，比如，见同学们批发橡皮、卖橡皮赚到了钱，就一口气买回上百块钱的橡皮，结果并没有想象中的好卖，导致货物积压，最后导致生意失败。

不敢承担风险而放弃投资和不管风险而盲目投资的做法都是不可取的，家长应让孩子理性面对投资中的风险问题。当孩子做出一个投资计划后，不管成功的可能性多大，家长都应鼓励孩子大胆地承担投资风险。如果孩子最后成功了，家长应该祝贺孩子，为孩子感到高兴；如果孩子失败了，也不要对孩子有任何怨言，而应该让孩子擦干眼泪，坦然承受，并从中吸取教训，争取在下次投资中获得成功。

# 学习外国孩子

宋先生全家到美国后，按照当地的风俗习惯，也要求孩子"要自己挣钱"。16岁的宋婷婷到社区报名，利用晚上时间照看孩子。因为德州法律规定，10岁以下的孩子不能单独在家，因此那些要参加派对或晚归的父母，会雇佣那些熟识可靠且品格优秀的女孩子来照看幼儿，每小时 3 美元。

宋婷婷第一次照看的是隔壁邻居的双胞胎儿子，夫妻俩晚上七点半把孩子送过来，看到两个洋娃娃般的孩子，宋婷婷乐坏了，因为这意味着每人一小时可以赚 3 美元！恰巧那天宋先生和妻子也参加了一个朋友的聚会，晚上十点半点才能回来。

到家一看，两个洋娃娃哭闹不止，满身是汗水，家里被弄得一塌糊涂。宋婷婷疲惫地坐在地上。看到爸爸妈妈回来如获救星："快给洋娃娃洗澡吧。隔壁叔叔阿姨马上要来领孩子了。"洗干净洋娃娃后宋婷婷红着眼圈儿对宋先生说："爸爸，我都快累死了，才赚 9 美元，你赚钱真是辛苦！"

美国等西方国家的家长培养孩子挣钱的意识非常强烈，孩子从小就得到了良好的教育和引导，挣钱的点子非常多。即使我们不能像宋先生那样移民国外，也同样可以借鉴国外家长的教子理念，让孩子向外国孩子那样学挣钱。这对培养孩子的金钱观、理财观很有必要。

一位移居美国的华侨说，他的孩子和一位美国朋友的孩子同时买了几本儿童图书。当他把图书给朋友的孩子时，孩子的回答让他大吃一惊，"这些书我看完后，可以拿到学校的贸易节上去卖。"

原来，孩子所在的学校每年都会举办贸易节，学生们自由买卖闲置物品。不过，去年他的图书、玩具不怎么受大家欢迎；今年，他准备重点推销汽水以及小鸭子、小鸡等宠物。因为去年，卖这些东西的小朋友都赚了很多钱。他甚至说要把小冰箱背到学校里去，卖棒冰挣钱。有位作家曾说过，父母应该把孩子放在各种场合，让孩子自己去摸索和人打交道的技巧，去学习别人的生活技能，这是奠定孩子们一生事业成功的基础。虽然我们很多家庭没有这样的能力，但是多看看书，了解一些国外孩子的生活方式和理财观念，让孩子学习他们的挣钱方法，也是很有必要的。

美国孩子常常在还没上学就开始学习如何挣钱，这并不是父母要他们挣钱，而是要让孩子懂得自己做人的责任与技巧，以及掌握挣钱的技能。其实，许多世界知名的财富大王，都是从青少年，甚至童年开始商业实践的，有的孩子在很小的时候就学会了如何获得财富。

我们也应该让我们的孩子及早学习外国小朋友的挣钱方式。从小锻炼理财经验，这是孩子们将来应该具备的重要能力，是他们将来生活能否顺利的重要因素。

# 第四章 富爸爸的理财观念

## 主宰金钱

有一位老大爷年事已高，他说自己过得很幸福。他说 18 岁那年背井离乡，经历了两年的知青生活，进了工厂。35 岁结婚，36 岁得子，55 岁退休。现在他和老伴退休金总共不到 1 500 元，儿子还在读研，日子不算宽裕，但是他们全家过得也是其乐融融。

他说："我们不富有，可是我们依然可以教出优秀的孩子。我们的孩子没有乱花钱买零食的习惯，因为他有一个勤俭持家的母亲，他要吃的水果和零食我们都以批发方式买回来，这样就省了不少钱；他的衣服虽然不够高档，但是干净整洁。我们巧妙地利用了自己的收入，从来没有为钱而发愁，所以，我们感觉到自己才是金钱的主人。"

相反，一位身为某市处级干部的刘先生，原本生活过得宽绰有余，却被金钱牵着鼻子走，贪污受贿，包养情人，而且不知满足。妻子不务正业，整天赌博，也不管教孩子，孩子要钱她就给。直到有一天，刘先生的劣迹被查出来成为阶下囚。妻子见没了金钱来源，抛下了丈夫和孩子。而孩子不知世事艰辛，三天两头向爷爷奶奶要钱。一个幸福美满的家庭就这样破灭了。他们成了金钱的奴隶，完全被金钱支配而感受不到生活快乐和幸福。

— 65 —

通过比较，我们可以发现，前者是最富有的人，他们有温馨和睦的家，有爱，有情，快乐常在。他们懂得节约，懂得合理支配金钱，他们可以自由自在地享受生活，他们是金钱的主人。

不知从何时起，太过现实的生活已经被"金钱至上"的观念所污染，人们为了钱不惜一切，《钞票》的歌词里写道："有人为你卖儿卖女啊，有人为你去坐牢……姑娘为你走错了路呀，小伙子为你受改造……钱呀你是杀人不见血的刀。"在某种程度上，这是当今社会的真实写照。人们为了钱尔虞我诈、坑蒙拐骗，失去了做人的根本，为追求金钱而去祸害他人，被金钱牵着鼻子走，成了金钱的奴隶。

我们不希望自己被"金钱至上"的观念影响，我们希望有一个正确的金钱观，做金钱的主人。因此，我们为了生活努力工作赚钱，但也必须学会驾驭金钱，把金钱当作工具，做更多有意义的事情。我们要培养孩子优秀的品格、正确的人生观和价值观，在勤俭节约的习惯下使他们稳稳地走向未来。

金钱的真正意义是什么？金钱是交换物品的工具。西方人说，金钱是上帝抛给人类的一条狗，既可以逗人，也可以咬人，金钱的作用有负面和正面之分。因此，人的心态决定了他和金钱的关系：要么去驾驭金钱，做金钱的主人；要么被金钱驾驭，做金钱的奴隶。

因此，用正确的心态对待金钱，必须掌握好三个环节。

第一，君子爱财，取之有道，用钱有节，集散有序；

第二，不贪非分之财，只凭劳动付出获取报酬；

第三，交易往来诚实守法，乐善好施，不让钱伤害自己。

日常生活中，除了必须花的钱以及改善生活的花费，其他的花费可以通过日常的开销节约出来，用在其他的地方，做更有意义的事。

# 不要为赚钱而赚钱

约翰·巴布森是一位来自美国的商人。一次他乘专机到以色列参加一个商务会议。当地正好是周末。他在美国饱受交通堵塞之苦。但是在以色列却发现这里的交通畅通无阻，车辆非常少。于是感到非常奇怪。他问自己的合作伙伴犹太商人谢文利："为什么你们的首都汽车这么稀少啊？"

谢文利解释道："你有所不知。我们犹太人从每周五晚上开始，一直到周六的傍晚为止，是享受生活的时间，许多人都喜欢待在家里，虔诚地向神祈祷，安静地休息。因此，街上的汽车比以往少了很多。每周六晚上到第二天是我们真正的周末，我们会尽情享受。"

"你们犹太人真懂得享受生活。"巴布森羡慕地说。

"因为我们认为健康的身体是一切的根本，有健康才能享受快乐的人生，吃好、喝好、睡好、玩好是拥有健康身体的保证。尽管我们犹太民族亡国长达 2 000 多年，而且漂泊他乡，遭受非人的迫害和歧视，但我们并没有因此而消亡，这与我们重视养身之术是密不可分的。"谢文利平淡地说。

众所周知，犹太人非常有赚钱头脑，他们常常忙着赚钱。但是他们赚钱的目的是使自己的生活过得更幸福，他们会告诉自己的孩子："不要因为赚钱而忽视享受生活，否则那将是一笔很不划算的交易，它会让你失去很多美好的东西。"他们把赚钱当作享受生活的前提，但是他们绝对不会过分追求物质财富，他们懂得适时停下来品味生活、享受乐趣。

在培养理财观念的时候，我们应该向犹太人学习。不能为了赚钱而赚钱、为了理财而理财，要知道来到这个世界上并不只是为了辛苦地赚钱，还应该学会合理地花钱，适时地享受生活。这就是说：活着不是为了把自己弄得疲惫不堪，赚钱也不是人生的终极目的，而是为了让自己享受更好的生活。只要有机会，就要让自己享受幸福和快乐，这样才会活出精彩的人生。

生活的目的不是赚钱，而是享受生活、善待自己。家长也应该将自己对生活、对赚钱的理解告诉孩子，赚钱的目的是什么，生活的目的又是什么。不能一心培养理财观念和赚钱技巧，从而早早地沉溺于赚钱，以致成为一个辛苦的赚钱工具。

可以做这样的设想，如果我们将来只是单纯的赚钱工具，不会用赚来的钱改善自己的生活，那么他所赚的钱是没有用处的。这不是我们希望看到的成果，因为它毁灭了我们的生活。因此，我们要意识到——不能成为金钱的奴隶。

# 好的理财习惯让你成为富人

温成是理财的典型例子，从大学毕业后的第一份工作开始，就确定了把每个月50%的薪水存起来，为此在生活上他非常节省，能不花的钱绝对不会花。比如，他的一身西装可以穿3年，平时买的衣服都是打过折的。当他的储蓄金额达到6万元时，他开始拿出其中的3万元用于购买股票，并且打算长期持有，把另外3万元用于购买基金。

几年后，温成有了妻儿，在培养孩子理财观念的时候，他总是说想致富想赚钱必须有好的理财习惯，这就是赚钱、存钱、省钱、投资。他表示这四种理财习惯是必不可少的，只赚钱不存钱、赚多少花多少永远不能有结余，只存钱，不投资，你的财富永远不会增长。

美国理财专家柯特·康宁汉有句名言："不能养成良好的理财习惯，即使拥有博士学位，也难以摆脱贫穷。"尽管养成良好理财习惯的过程有些痛苦，但只有养成理财习惯，才能够"有钱一辈子"。这个好习惯就是赚钱、存钱、省钱、投资。

从美国学者托马斯·史丹利对上百名百万富翁的调查中可以看出：84%的富翁都是从储蓄和省钱开始的；70%左右的富翁每周工作55个小时来赚钱，同时还抽时间来进行理财规划：这些富翁一年的生活花费占总财产的7%以下，即使没有工作收入、坐吃山空，平均也能撑过12年。他们就是拥有赚钱、存钱、省钱、投资习惯的最好代表。

因此，要想将来富有，就一定要挤出时间尽早培养理财习惯。在理财习惯尚未建立前，应改正一些坏习惯。很多青少年不但没有养成储蓄、存钱这些好习惯，反而有大手大脚花钱的恶习，这是将来致富的最大"敌人"。

可以通过以下几个步骤来培养理财的好习惯：

第一，努力赚钱，累积"第一桶金"。生活中，孩子们对零花钱很感兴趣，这时家长尽量给孩子提供赚取零花钱的机会，让孩子们通过劳动付出赚取"第一桶金"。随着孩子的不断成长，赚取零花钱的能力会不断增加，这就可能快速累积起可供理财、投资的第一桶金，同时也要注意不随便花钱。

第二，定期存钱，这比投资更重要。不储蓄，绝对成不了富豪，储蓄是手段，是为了今后投资做准备。无论靠打工赚钱，还是靠压岁钱和平日父母给的零花钱"赚钱"，持续储蓄的习惯绝不能丢弃。

储蓄的金额一定要随着"收入"的增加等比例地提高。比如，上一个月收获了200元的零花钱，可以存起50%，即100元；这个月收获了250元零花钱，可以存起125元。长期坚持，对培养孩子的理财观念一定很有效果。

第三，学会记账，省钱的习惯不能忘。想省钱。一定要记账。记账能找出花钱的"漏洞",效果非常明显。

第四,让钱生钱。储蓄是金钱的累积,是加法运算;投资则是乘法运算,让钱生钱。因此,当有了一笔存款后,应该找一些渠道投资。

这四个习惯是密不可分的,哪个都不能缺少,想具有强烈的理财观念和理财技巧,最简单的办法就是从小养成理财习惯。

# 投资可以改变贫穷

陈步阳、叶翔和赵伟业是大学时的同学。他们在学校共同经营一些小生意,到毕业时每人获得了1万元钱的收益。

1993年毕业后,陈步阳在福州的一个事业单位工作。由于受周围同事的影响,他将1万元钱存入银行,到2006年时1万元钱变成了3万元。

叶翔毕业后回到老家杭州,受周围朋友的影响,他和朋友凑了2万元购买了一个小商铺。到2006年出售时,他获得了投资收益9万元。

赵伟业出生在深圳,毕业后又分配到深圳工作。受到当时深圳投资股票氛围的影响,他将1万元投资购买了3只原始股,到2006年底,这3只股票的总市值是135万元。

相同的资本——1万元,用不同的理财方式打理,产生了3个不同的财富等级。

投资改变贫穷的命运!因此,学会掌握正确的投资关系到将来的命运。只是不少人认为把钱存进银行是最稳妥的,投资毕竟存在很大的风险,然而台湾有句俗语叫:"人两脚,钱四脚。"意思是钱有4只脚,钱追钱,比人追钱快多了。所以,一味省吃俭用,日日勤奋工作的人只靠积累，是很难快速脱贫致富的。

要致富，就要有投资理财的能力。民众理财知识的差距悬殊，是真正造成穷富差距的主要原因。理财致富只需具备三个基本条件：固定的储蓄，追求高报酬以及长期等待。

不投资就改变不了贫穷的命运，而投资是改变命运的最好方式：巴菲特用 100 美元投资，之后获得 400 亿美元的财富，成为世界首富；上海的陶先生，用 1 400 元投资，后来获得了 1 个亿的资产；数年由 4 万美元身家变成 2 000 万美元身家的投资高手舒华兹；1 年获利 200 倍的投资家威廉斯；理查·丹尼斯把借来的 400 美元用于投资，变成了两亿多美元。

有人会感觉以上这些例子离我们的生活很遥远，其实并不是那样，因为这些投资成功的人士当年也是平凡的人。只要有意识地灌输投资改变命运的意识，就可以在将来的某个时间成为富翁。

投资的回报是惊人的，相信你看到了以下这个神奇的公式后，一定会跃跃欲试，并迫不及待地培养自己的投资意识。假定一个人从 22 岁开始上班，每年定期存下 1.4 万元，然后投资到股票或房地产，并获得每年平均 20% 的投资报酬率，那么 40 年后，他能积累的财富是 1.0281 亿。这个数据是依照财务学计算年金的公式得之，计算公式如下：

$$1.4 万 \times （1+20\%）40 = 1.0281 亿$$

这个神奇的公式说明，投资是走上富翁行列的捷径。不要认为自己不懂投资技巧。事实上，投资理财没有什么复杂的技巧，最重要的是观念，观念正确就会赢。每一个理财致富的人，只不过养成了一般人不喜欢、且无法做到的习惯而已。

相反，如果还固守传统的理财方式，坚持长期储蓄投资，那么这是一种最危险的理财方式。也许你会问："银行存款何错之有？"其错在于利率（投资报酬率）太低，不适于作为长期投资工具。同样假设每年将 1.4 万元全部存入银行，享受平均 5% 的利率，40 年后他可以积累 1.4 万元 × （1 + 5%） 40 = 169 万元。与投资报酬率为 20% 的项目相比，两者收益竟相差 70 多倍。

而且另一个方面来说，货币价值还有一个隐形杀手——通货膨胀。在通货膨胀 5% 之下，名义上利率约为 5%，实质报酬几乎等于零。因此，可以进行短期存储，这主要是保证生活的小额资金。这就是不少理财专家建议的那样，将财产分为三等份，一份存银行，一份投资房地产，一份投资于股票。这种投资组合叫"两大一小"，即大部分的资产以股票和房地产的形式投资，一部分钱存到银行里，以此来供给日常生活费用。

从当前开始，有一种强烈的投资理财意识，用合适的投资去创造财富，让自己和家人在不久的将来过上富裕的美好生活。


# 理财高手的造就


父亲在给儿子讲述理财的时候，儿子不耐烦地说："我讨厌计算，我不是理财的料。"虽然父亲很失望，但还是平和地给他讲了一个名叫项建庭的理财故事：

26 岁时，项建庭没有任何家庭背景，只有大专学历。按理说，这是非常平常的一个人，通常情况下只能谋取一个平常的低薪工资糊口度日。但是他充满改变命运的斗志，不断把辛苦赚来的钱用于投资，依靠自己白手起家，从月薪 800 元的工资开始，仅用了短短的 5 年时间，就通过投资成为一个拥有 3 套房产，净资产 200 万元的"80 后"百万富翁。

讲完故事后，父亲告诉儿子："每个人都可以成为理财高手，只要你想理财，只要你想让自己变得富有，然后去努力就会成功的。"

通常，一些贫穷的人总是认为有富人之所以能富裕，只不过是因为运气好或者从事不正当的行业。但这些人万万没想到，真正的原因在于他们善于理财。投资理财而致富的先决条件是将资产投资于高报酬率的投资标的上，例如股票或房地产。

理财是必不可少的能力，是运用自有资金，赚取稳定收益的能力。譬如：花120万买一栋房子，拿来出租，租金就算是稳定的收益，而收益越高，就意味着你的理财能力越强。对于未来越来越激烈的社会竞争，应该学会理财，这样就多了一种发家致富的能力。

想让孩子在理财方面超越常人，需要经历以下几个准备步骤。

（1）拥有理财的决心

理财不是一件困难的事情，困难的是无法下定决心去理财。如果永远不学习理财，将来就会面临财务窘境。只有先下定决心"自己"理财，才是成为理财高手的第一步。

（2）持有自己支配的"资产"

减少依赖，当我们的资产保持独立时，就找到了"花自己的钱"的感觉。这样才会谨慎花钱，才会有理财赚钱的愿望。

（3）懂得理财投资的常识

要做到成功理财，学习理财知识就是必需的工作。美国麻省理工学院经济学家莱斯特·梭罗说："懂得用知识的人最富有。"能否把掌握的知识运用好是在未来竞争社会中能否取胜的关键。因此，不论理财知识是否过硬，建议让父母找一个具有专业理财知识的人做老师。因为这些专业知识能使我们避免一些理财方面的陷阱，以免费尽心思积累的钱全打了水漂。

（4）制定财务目标及实施步骤

理财目标的标准最好是数字，并且是需要我们努力才能达到的。说得简单一点，就是检查一下每月有多少结余、要选择投资报酬率多少的投资工具、预计需花多久时间可以达到目标。

因此，不要把第一个目标定得太难实现，所需达到的时间在2—3年之内左右最好。当达到第一个目标后，就可定下难度高一点、花费时间约3—5年的第二个目标。

（5）养成日常的理财好习惯

要把理财当成一种长期的、良好的习惯来坚持。因为理财不是立竿见影的事情，初期理财的绩效是不容易有显著表现的。

（6）经常检查成果

定期检查理财成果，便于发现理财过程中需要做出修正的地方，适时调整理财策略。理财投资是有关钱的事情，不可疏忽大意。

按照这些步骤逐渐培养我们的理财意识，我们就很容易变成一个理财高手。

# 不能因为钱而忽视其他

谢女士和丈夫都是文学爱好者，并且所从事的工作与文学写作有关。他们经常利用业余时间投稿，赚取稿费。一次女儿在楼下报箱拿报纸，拿上来后，发现报纸里夹着两张60元的汇款单，便羡慕地说："妈妈在电脑前敲点字就能赚60块钱，真厉害！"

谢女士便抓住机会，引导女儿通过写作拿稿费，赚零花钱。还别说，在谢女士和丈夫的指导和帮助下，女儿的写作能力提高了许多，投出的几篇文章中两篇被刊用了。女儿获得了稿费，加之谢女士的奖励，一共是270元。从此后，女儿频繁写文章要求爸爸妈妈帮她修改。

这时，谢女士又说："写作是源于兴趣爱好的，不是一心图赚钱。就像我和你爸爸那样，不是为了赚钱而工作，而是对写作的热爱，为了实现自己的价值。这样你才能真正做好工作，真正把文章写好。"

"穷人为钱而工作，而富人让金钱为他工作。"这句罗伯特·T·清崎的至理名言曾红极一时。

为薪水工作时，工作必然是索然无味的。当你心里只有赚钱而没有更高的追求时，你对工作就不会尽心尽力，那么明天就可能失去上班赚钱的机会。工作固然是为了生计，但比生计更可贵的就是在工作中充分挖掘自己的潜能，发挥自己的才干。生命的价值不能仅仅是为了面包，还应该有更高的需求和动力。不要放松自己，要时刻告诫自己，人要有比工作更远的目标。

工作不只是为了赚钱，而应该看看能从工作中学到什么。依靠薪水是不能赚钱的，想要赚钱需要通过理财和投资。所以，利用工作的机会不断了解这个行业，接触相关人士，不断提高自己的能力和才智，谋划出最好的办事方法；应当以一种无限的热情和积极的精神去从事工作，尽可能成为同伴中的佼佼者，成为一个优秀的人！

只有你善待工作，工作才会回报你。没有人能够贬低工作的价值，关键在于如何看待自己的工作。其实，把本职工作做好，就能体验到成功的快乐，这种快乐会给我们更多信心，从而有勇气去接受更多挑战。

有正确工作价值观，将来参加工作时，我们就能以一种更为积极的心态去对待工作，我们的奋斗目标不会紧紧限于那一叠钞票了。


# 什么才是真正的冒险

陈玉书在1972年离开大陆赴香港时，身上只有50港币。十多年间，他历经坎坷，但始终坚持不懈地努力。1979年，陈玉书在友人的牵线搭桥下，开始与北京景泰蓝经营部门挂上钩，开始做景泰蓝生意。

三年后，景泰蓝市场日趋萧条。有一天，一个北京的朋友向他介绍了一个冒险的大买卖，问他敢不敢做？

陈玉书急忙问："什么买卖？"

朋友把这桩买卖告诉了陈玉书，他说北京有家工艺品公司由于销售不畅，准备将价值1 000万元的景泰蓝存货削价处理……"

陈玉书感到非常吃惊，因为那可是个驰名中外的公司。

朋友认为这是一个机会，建议陈玉书把那些存货买下来。

虽然有很大的风险，但是陈玉书认为任何商品都不可能一直畅销，低谷过后，有可能就是高潮。景泰蓝销售只是暂时处于低谷，并非陷于绝境。北京的公司急于脱手，正是"杀价"的绝好机会。

机不可失，陈玉书迅速回香港筹集了大笔资金，再火速赶到北京，与那家工艺品公司负责人谈话。

陈玉书问："如果我买100万元的货物，可以打几折？"

"8折。"

"500万元呢？"

"7折。"

"1 000万元全买呢？"

"6折。"

"付现金呢？"

"可以对折。"

"好。我全要。"

陈玉书没有丝毫犹豫就与那家公司签下了合同，这无异于将景泰蓝仓库搬到了香港。

果然不出所料。不久市场好转，陈玉书的景泰蓝连锁店的营业额扩大了10倍，打响了存货最多、品种最全、货真价实的景泰蓝金字招牌。陈玉书就这样闻名于香港，成了"景泰蓝老大"。

在理财中，不可能没有冒险，没有任何冒险就意味着"零风险""稳妥""安全"，这种理财观念也难以帮你获得大的收益。但是，冒险不等于蛮干，有思想的理财者常常在周密计划和大胆决策后选择冒险，是因为他已经知道胜算的大小和冒险背后的收益。我们要从小培养冒险精神，但是要防止养成蛮干的习惯。

在做出冒险决策之前，不要总是问自己到底能够赢得多少，而更应该问自己输得起多少。如果一点把握都没有就去冒险，那就等于是蛮干和盲从。在这种情况下，你的胆量越大，你的赌注就会下得越多，你的损失也将越大，那么你离成功也就越远。

这就要求培养我们具有高瞻远瞩的决断能力，那种鼠目寸光的人，见到风险就撤，见到一丁点收益就收，是难以获得大成就的。在金融投资领域，没有哪个金融产品是没有风险的，除了储蓄，但是这种理财方式无法取得大收益。如果在炒股的时候，能够有长远眼光，结合世界经济、政治等方面的信息，预测股市的走向，适时收网，定能收益丰盈。

在生意场上，浙江人凭借"敢为天下先"的冒险精神，成为中国最有影响力的富人区。

浙江的"第一桶金"可追溯至20世纪90年代初期走遍全国的"供销大军"，正是因为浙江人的冒险精神，所以他们才有勇气走出本省，从外面带回一张张商业订单，从而带动了江浙地区制造业的发展，特别是在塑料加工、印刷等传统行业更是取得了长足的进步。如今，这些制造业每年为当地带来了几十万的就业岗位和上百亿的效益。

很多时候，机会总是与风险并存的，很多喜欢冒险的投资专家认为"风险和利润总是成正比的，有的时候你赚不到钱是因为你不敢冒险。"或许很多次机会就在向你招手，你只需往前倾半个身子就可以够着。但很多人害怕摔跤，所以选择放弃，于是机会就这样离你远去，那也意味着财富已经放弃了你。

我们必须明白：理智地冒险，才能使机会为自己带来最大的收益，那才是真正的冒险。否则，所谓冒险就成了蛮干，就是鲁莽。

# 消费的欲望成为你挣钱的动力

李俊是个消费狂，戴的手表是八九万的瑞士名表，穿的衣服是世界名牌，连一个墨镜都得动辄好几千。也许你会问："他哪来那么多钱消费呢?"这正是他想告诉给大家的——消费是激励自己挣钱的动力。如今他是一家基金公司的投资经理，年收入超过百万，所管理的基金几年来业绩始终名列前茅。

与李俊不同，他的太太喜欢买些"小东西"。对她"今天买个小首饰、明天买个装饰灯"这样的消费习惯，李俊发表了自己的看法："要买就买好东西，敢花钱才会赚更多的钱。"他给妻子买了1枚1克拉的钻戒，理由是随着时间推移，"钻戒每年能增值5% -6%"，将来还可以传给儿媳妇。

敢于消费是努力挣钱的动力。其实敢花钱不是乱花钱，恰是会花钱，买值得买的东西，花钱时其实也是赚钱。这就是智慧的理财观。

为什么很多富人越来越富呢? 关键在于他们的理财意识。美国亿万富翁保罗·盖蒂曾说过，如果你想变得富有，就去找一个赚很多钱的人，然后按他做事的方式去做。因此，告诉孩子"不必害怕花钱，钱花出去了是为挣更多的钱。"

只有会花钱才会赚钱。听起来似乎有悖于常理。在中国人的传统理念里，能赚会花总是和吃喝玩乐联系在一起。所以有不少中国家长在挣了一些钱之后，总喜欢深藏不露。

常听到有的人一掷千金挥霍后，仍然十分自信地说："这点钱算什么，敢花钱才能赚更多的钱。"也许我们会对这种说法持鄙视的态度，但是也不可否认它是有道理的。试想，一个人花了钱后就感叹赚钱不容易，不断要求自己节省，而不是想着如何去赚更多的钱，那么即使他再节省，那些钱还是那么多，而不会产生复利。如果一个人花了钱后，第一时间想到的是自己赚的钱不够，必须继续努力赚钱，那么消费就成了他努力赚钱的动力。

当然，敢于花钱的前提是钱花在了合理的地方，这就是会花钱，它不是花 10 元钱换来了 10 元的货这么简单。而是花了 10 元钱，得到了 12 元甚至更高价值的商品，这样才算是会花钱和会赚钱。

# 让金钱为你服务

张明要求儿子做到让金钱为自己工作。这句话让孩子充满疑惑，于是进一步追问，张明就给他讲了自己的故事。

他告诉儿子，几年前，他还在给人打工的时候，拿的是微薄的工资。每年都把钱省下来存在银行里。可是，这并没有改变生活的状况。有一年年底，他发现当年的存款已经有五六万了。但是他不想继续存钱。因为存在银行里，对他来说就是死钱，可是银行却可以依靠它们获取最大的利益，它又变成了活钱。于是他想：为什么我就不能把它变成活钱呢？我得让钱为自己工作。

于是，过完春节，他把所有的积蓄拿出采，和朋友合伙租了一个三四十平方米的门面，注册成立了一家汽配公司。他负责销售及售后服务，朋友主管进货。他们俩一唱一和，生意经营的很顺利。一年下来，他们除去开支，居然有 100 多万的进账。之后，生意越做越大，他们把赚来的钱用于金融投资，让钱继续生钱。

　　要让钱为你工作，就必须自己创业做生意，让别人为你工作。因此，从小应该有投资意识，学习投资知识。从小就树立做大事的勇气，培养做大事的品质。小的时候，可以拿出一点钱来做风险投资。在投资中，我们会学到不少东西。

　　在美国，狭义投资是指把自己的资金拿去购买金融产品，使资金有效地保值和增值。这就是用钱挣钱。由于每个人的钱都是来之不易的，每一份投资都凝聚着心血和汗水，所以，要考虑如何规避投资风险。

　　我们应从小明白，投资是有风险的，只有正视风险，善于规避风险才能真正做到让钱为自己工作。当把钱投入到有可能获得利润的领域，我们应该安心等待。在某一天，也许我们所购买的东西会数倍地增值，这时候就会获得丰厚的回报。

　　然而，许多人还是不敢投资，他们害怕赔钱，认为自己辛苦挣下的钱，还是放在银行稳妥一些，拿去投资万一赔了怎么办，而且他们也不懂投资。

　　有些人受到投资赔本者的提醒，虽然有了投资的实力，但是却没有投资勇气。有一个人，他的固定存款数额不小，但是就是没有勇气拿出来投资，甘愿存在银行，像一潭死水。后来他得到朋友的建议，做了投资理财策划，经过了五年，他的资产增加了三倍。

　　所以，我们应该尽早了解投资方面的常识，从小就有投资理念，长大后慢慢才会掌握投资技巧。了解了投资理财这一行业，才会敢于抓住机会投资，让钱为自己工作，使自己的财富慢慢越积越多。

# 钱不是富足的唯一标准

曾经有这样一个故事，有一个普通孩子，他在一个普通的家庭，全部收入都来自父亲一个人，而父亲的工作就是整天在证券交易所的办公室里做着枯燥的事，收入微薄，还要把一半工资用在医疗上以及给比他们还穷的亲戚。他们的生活非常拮据。

但一家人仍然生活得很幸福，母亲经常安慰家里人说："一个人有骨气，就等于有了一大笔财富。在生活中怀着一线希望，就等于有了一大笔精神财富。"

突然有一天，父亲开着一辆崭新的别克牌汽车缓缓驶过拥挤的人群，回到了家里。这是抽彩票中奖得到的。孩子们简直不敢相信这个事实，个个欢呼雀跃。但父亲却表现得异常痛苦。这让孩子们非常不理解。从此之后，家里竟然再也没有了笑声。

原来，爸爸的桌上有两张彩票存根，上面的号码是 348 和 349，为什么是两张呢？那一天下班的时候，孩子们的父亲曾经对交易所的老板吉米·凯特立克说过，他可以在买彩票时为他代买一张，吉米表示了许可。之后就忙别的去了，再也没有想到过这件事。中奖号码是 349。这张彩票的一角上有用铅笔写的浅浅的 K 字，代表凯特立克。也就是说，349 那张是给凯特立克买的。

父亲在经过几天的挣扎之后。终于拨通了凯特立克的电话，第二天下午，凯特立克的两个司机来到他们的家里，开走了别克牌汽车，他们将一盒雪茄作为礼物送给父亲。

直到成年之后，这个孩子才有了一辆汽车。但是母亲的那句话"一个人有骨气，就等于有了一大笔财富"在他的内心有了新的含义。

回顾过往的岁月，他才明白，父亲打电话的时候，是他们家最富有的时刻。

什么样的生存状况才叫富有呢？在成功学大师拿破仑·希尔的一本名为《思考致富》的书中，总结了12条人生财富。然而，金钱只是其中的一条，并且是最后一条。排在前面的是大无畏的精神、积极的心态、与人分享快乐等精神层面的东西。他认为拥有这些的人，才是真正富足的人。

事实上，一个人拥有的金钱再多，也不一定拥有安全、幸运、情爱、人缘与富足。因为这些东西不是直接由金钱引起的，主要来源于一个人的内在的思想境界和自我感觉。虽然金钱可以充实物质生活，但是假若一个人的精神生活匮乏，那依然是一个悲哀。

尤其是当今这个物质生活极度发达的世界，金钱的意义被许多人曲解，以致酿成了许多人性的悲剧。因此，我们不得不再次考虑精神世界、精神生活对一个人的重要性。

要同时培养自己的金钱观和人生观。不要跌入"金钱至上""物质至上"的陷阱中。要明白，金钱只是人生的追求之一，还有许多比赚钱更有意义的值得我们为之奋斗。只有金钱那不是富足的表现，拥有美好的品质和健康的心态以及正确的生活观念，我们的生活才会充满灿烂的阳光。

# 致富过程快乐，结果才快乐

杨先生和妻子原来毕业于同一所大学。毕业后各自当了几年职员后，合力创业，取得了不小成就。但是他们并未感觉到快乐。因为创业致富的过程中，他们整日忙着在商场里打转。夫妻俩总是彼此安慰：

"等咱们过上富裕的生活了，就可以好好享受快乐了。"

然而，当他们最终在经济上获得成功后，却因各种各样的因素，离快乐的生活越来越远。有时候，他们回想起当年共同创业时的情景，不由心生感慨：那种有苦有累的生活才是幸福的，只是当初匆匆赶路却忘记了享受。

人们总是在寻找快速挣钱的方法，希望早日找到致富的答案。好有机会坐下来享受生活的快乐。然而，他们却忽略了致富这一行为的本身。原本致富是有苦有乐的，但是许多人只看到了挣钱的苦累，因此，在他们致富的时候根本没有享受快乐的意识，也感觉不到致富是快乐的。

其实，快乐的根源在于内心。人们常说："快乐是一种感觉。"它与金钱的多少并不成比例，也没有多大的相关性。因此，如果你把快乐寄托在财富上，认为致富后就能快乐，那么你就错了。如果你没有在致富的过程中找到快乐，大多数情况下，致富之后也不会快乐。

家长应该明白一个道理，金钱本身不是人生的主角，任何妄想将金钱至于主导地位的想法，都将造成各种各样的人生悲剧。因为人不是为了钱，而恰恰相反，应该让钱为自己工作，让钱成为改造生活质量的工具和帮手。要利用金钱创造生活，而不是被金钱利用。

如果把挣钱致富看作是一条道路，我们走在上面时，不能只是为了早日到达终点而埋头前行、苦苦奔波，我们应该一边向终点前进，一边欣赏沿途的美景，感受这场旅行的快乐。这样，当我们到达终点时，我们才不会因为当初的忙忙碌碌而悔恨，我们才有更好的心情享受亲手创造的富裕生活。

为什么许多人有大笔的财富，却整日生活在犹豫和空虚中？为什么有些富有的人，过着纸醉金迷的生活，却感受不到快乐？因为它们没有意识到，真正的快乐在于追求，在于享受过程。当一个人没有了追求，没有了目标，就失去了信念，生活也就失去了光彩。

　　而当一个人渴求得到某个东西时，会有一种进取的力量在驱动他，并且会为每次向目标迈进一步感到很有成就感。如果他经常回味一下奋斗过程的酸甜苦辣，那么他就能感受到快乐。只是很多人没有去体味这种成就感，所以他们即使成功了也没有幸福感。

　　因此，追求是快乐的，过程是快乐的，致富的快乐藏在过程中，而不是在致富之后。

# 第五章　家长对孩子的财商教育

## 提高孩子的财商

俗话说："养儿防老，积谷防饥"。当今大多数家庭都是独生子女，"二养四"（两个独生子女赡养四个老人）的情形比较普遍，但这给年轻一代带来了巨大的压力，养儿防老已显得力不从心。但这种观念说到底也没错，尤其是在社会保障体系基本缺乏的农村更是如此。这也是农村计划生育很难开展下去的关键因素。

在这里，我们不去纠缠养儿防老在道德学上的争论，单从经济学理论看，就不但是必须的，而且是很现实的。说得更通俗一点就是，养儿防老的关键不在于"养"而在于"教"。

这里的"教"，不但包括个人智商、情商、财商等方面，而且还包括政府，即这种"教"不仅是家庭职责，更是政府职责，"教"的好坏，关系到整个国家民族素质的提高。

在这其中，养儿防老对孩子的财商提出了更高要求。如果孩子将来成年后小家庭收入并不高，又缺乏基本的投资理财能力，甚至结婚后全家三天两头要去父母家里"蹭饭"；而父母的退休工资又很微薄，或者生活在农村，连个最低生活保障都没有，一旦生了病只能听天由命，这时候的养儿防老就不但是一句空话，而且成了实实在在的"养儿烦恼"！

上面提到的一系列问题，可谓积重难返，绝不要祈求在短期内得到解决；作为我们个人来说，最容易做到的就是提高自己的财商，尽早学会投资理财，并把这作为最可靠的保障。

从这个角度出发，不要简单照搬国外，怕生孩子。因为中国的文化传统是亲情第一，逢天灾人祸、遭生老病死，都是亲人在陪着你。甚至，在去世后捧骨灰盒的也必定要是长子或长孙。

养儿防老对财商教育提出更高要求，可以从下面这则故事中得到启发。

有两位年轻人同时在一家公司上班。一开始两个人的工资完全一样，可是很快，一位名叫阿诺德的小伙子青云直上，而另一位名叫布鲁诺的小伙子却在原地踏步。所以，布鲁诺不高兴了，有一天便到老板那里去发牢骚。

老板一边听他抱怨，一边在想怎么对他进行解释。

这时候正好阿诺德也来了，所以老板对他们两人说，现在刚刚上班，你们两个人分别到集市上去看看有什么可买的，然后回来告诉我。

很快，布鲁诺从集市上一阵小跑回来对老板说，我看到那里只有一个农民在卖土豆，别的人早就收摊了。老板说，那里有多少土豆呢？布鲁诺说，这我倒没数，我这就去看。他第二次小跑着回来对老板说，问清楚了，还剩下40袋土豆。老板继续问，这些土豆的出售价格是多少呢？布鲁诺重新跑到集市上去，问到了价格又迅速跑了回来。

老板说，你也跑累了，赶快喝杯水，正好阿诺德还没有回来，所以你不要走，我们一起看看他又得到了什么样的信息，等一会儿你一句话也不要说，光看就行了。

话刚说完，阿诺德回来了，向老板汇报说，现在有一位农民在卖土豆，一共剩下40袋，价格是每公斤×元；看起来这土豆质量不错，所以顺便带了一个回来给老板看看是不是需要。同时，这个农民还说，等一会儿他还有一批西红柿要送到集市上来，这几天西红柿卖得很快，他的价格还算公道，估计很快就会卖完的。我估计老板也会要一些，所以直接把这位农民给带来了，他现在就在外面听回话；如果老板需要，他只要马上打个电话，就可以叫人把西红柿直接送到这里来，这样他们就不必再去集市了。

老板说，好吧，我确实需要进点西红柿，你去把他叫进来吧。

等到阿诺德走出门后，老板转过头来对布鲁诺说，现在你该知道为什么阿诺德的薪水比你高了吧？

从上面的故事可以看出，同样的年龄、同时参加工作、原来的起点相同，正是由于阿诺德的财商比布鲁诺高出一截，所以在很短的时间待遇就比布鲁诺高出一大截。老板给阿诺德加薪，也是有原因的，像阿诺德这样财商很高的人，一旦自立门户，或者跳槽到竞争对手那里去，这对老板来说可是一个实实在在的威胁。

当然，即使老板给他较高的薪水，阿诺德也同样可能会有一天自立门户或跳槽，因为他已经具备了这样的能力和自信。可以断言，无论他将来到哪里或者是不是改行，都只有他挑老板的份，不用担心老板会开除他。

养儿防老，如果儿子具备阿诺德这样的财商，"此处不留爷，自有留爷处"，这养儿防老就真的有希望了。可是如果相反，儿子只具备布鲁诺这样的财商，不但收入很低，而且要时刻提防会不会被老板辞退。个中差别，让人要认真思考一下。

用确切的话来说，养儿防老的首要条件：孩子任何时候都只用考虑在什么时候"开除"老板，而不需要担忧老板会炒他的鱿鱼。如果做到了这样的程度，就不需要担心将来孩子怎么来赡养你了。

# 富人也有困扰

当代的快节奏生活给上班族带来了越来越大的压力。不管你是贫穷还是富有，精神压力一个个好像都挺大的。

总体来看，穷人有穷人的苦恼，富人有富人的烦恼。虽然他们忧虑的重点不一，但重点都是不安全的危机感。

穷人的苦恼是，辛辛苦苦一年到头赚不了几个钱，养家糊口尚且勉强，就更谈不上什么发展、积累，没什么财富留给子女。有的就快要退休，或者干脆已经失业多年，依然一家几口蜗居在一套旧房子里。想到别人要什么就有什么，住的是洋房别墅，开的是高档轿车，连刚上幼儿园的孩子名下都有好几套房产，心里就觉得特别窝囊，总觉得欠妻子、子女什么似的。

而富人也有富人的烦恼。他们整天考虑的是去哪里投资更安全、更能实现财富增值；或者怎样把来路不正的钱，藏在一个什么地方，才不至于被人查到。这些钱财他们自己肯定是吃不完、穿不完、玩不完了，但要担心到了孩子手里是否还能继续延续自己的辉煌。要不然坐吃山空，好日子终究蹦跶不了几年。

穷人的苦恼、富人的烦恼，归结到一点，就是自己的孩子今后创造、掌控财富的能力怎样。这就涉及我们通常所说的财商。

无论父母是否有钱财留给孩子，实际上都是"输血"行为，输血终究没有造血来得重要。就好比人躺在医院里时因为能及时输血才不至于死亡，可是这又哪里比得上身体好好的呢？谁也不会去羡慕到了医院后有血源保证的病人，否则他就真的是个病人了。

不用说，孩子是父母生命的延续、家族的未来。我们的财商高低，是比父母现在是穷是富要紧一万倍的事。

就像电视游戏节目中经常出现的一幕：一开始推出的抢答题，辛辛苦苦一道题答对了才有几十分，一轮下来也不过相差几百分。但节目越是进行到后来，分值变得越大。有时候最后一道题是几百分、几千分，仅仅因为最后一道题答错了，前面的成果完全作废。

从古到今，历史上有多少豪门大户在当时不可一世、富可敌国，延续到现在的还有几个呢？就是这个道理。

俗话说："富不过三代。"但这不是必然的。如果我们的财商高，那么这种局面虽然不可能保证延续千秋万代，但至少也会尽可能地延长，而不仅仅是"三代"的事；相反，如果不注重这方面能力的培养，不具备这方面的能力和愿望，那么用不着三代，到了第二代就稍纵即逝了。中国的富豪大多面临着后继乏人的窘境，实际上这就是他们过去不懂得、不重视对孩子进行财商教育的后果。

财商教育就是这样重要。凭机遇、凭小聪明积累起来的一点财富，只有具有较高的财商时，才能在他手里得到发扬光大，那才算是真正的"笑到最后"。

如果父母为孩子的未来着想，就非常有必要在家庭教育这一"课"中，加上财商教育这一章。只有孩子从小就具备必需的投资理财知识和能力，将来才会更好地自食其力，离开了父母的庇护也可以生活的很顺利。

从表面来看，穷人和富人各有各的困扰，但归根到底苦恼和烦恼的性质还是有根本差别的：一个是愁钱从哪里来，一个是愁钱到哪里去。有过任何一种体验的过来人，都会对此记忆犹新甚至刻骨铭心。而这两种情形，都可以通过正确的理财来调节，并一日比一日更加完善。

# 市场经济就要说钱

市场经济可以简单地理解为"市场的经济"。也就是说，什么东西都放到市场上去衡量、掂量一番，才能判断它在社会上到底是什么价值。

商品和人才的交易都建立了完善的市场制度。商品是不是值钱，就要看商品市场上的成交价格高低；你是不是人才，也可以通过人才市场上对你的追捧程度来加以考量。关于后一点，公众对明星的考量角度会看得更清晰。

既然市场经济离不开经济（钱），那么父母平时在孩子面前谈钱，就是最正常不过的事了。要知道，许多父母是不允许自己这样做的，也就是说，不允许在孩子面前谈钱。

究其原因可能有两点：一是谈钱过于庸俗，所以不想让孩子过早接触到这种"阿堵物"，粘上"铜臭"味；二是不希望孩子因为钱的因素过分惦记家庭，从而影响学习。这种情况在条件比较贫困的家庭中更常见。当然，也有一些条件特别好的家庭也会采取这种办法。

需要指出的是，"铜臭"中的"臭"字本来就有三种含义，分别是：香味、臭味、味道，尤其是在古文中，更多的是"香味"的含义。如果是这样，古人所说的"铜臭"实际上也就是今天我们所说的"铜香"，那就更没有什么理由不在孩子面前谈钱了。

许多家长避免在孩子面前谈论钱财，还或许是因为工作、生活不顺或收益入不敷出，也可能与从小所受的教育有关，所以对金钱总是抱有一种恐惧和反感态度，而不是兴奋和快乐。

尤其是在经常为钱发生夫妻争吵的家庭中，就更是如此。他们往往只要一谈到钱，其中的一方或双方就会来气，所以久而久之，在孩子的心目中，钱就不是个好东西，它就像插在父母中间的第三者那么可恶。

这种情形对培养孩子的财商非常有害。孩子如果从小就对钱有一种恐惧和不满态度，将来还怎么以乐观、理性的态度来对待它呢？就好像孩子不喜欢这门学科和教这门学科的老师，就很难学好这门功课一样。

显然，前者比后者更严重。如果孩子不喜欢某个老师，下学期这名老师可能就不教他了；如果孩子不喜欢甚至讨厌钱，还能寄希望于他以良好的心态来管理、运用钱吗？

最合适的做法是，父母在家中要以轻松的口吻讨论钱的话题，尽量让孩子也参与进来，让他觉得钱就是我们家庭成员中的一员，彼此之间谁也离不开谁，所以要和睦相处，而不是互相憎恨。

俗话说，"跟谁有仇，都不会跟钱有仇"，说的大抵就是这个道理。这种介入开始得越早，对提高孩子的财商就越有帮助。

举个例子，如果家中现在有 30 万元余款暂时不需要用，这时候准备干什么呢？就可以一家三口坐下来讨论这个问题了。一方面，这会让孩子觉得父母很尊重自己，把自己也当做家庭成员之一（事实上本该如此）；另一方面，更可以让孩子过早地接触到金钱世界，进入投资、理财领域，用"富孩子"的思维来考虑问题。

如果把这些钱存在银行里，一年期定期存款，每年可拿利息0.675万元。而如果把它用来购置一套二手房对外出租，每月租金至少可以有 1100 元，一年下来就是 1.32 万元，差不多相当于银行利息的 2 倍；更不用说，这套二手房永远属于你，永远可以对外出租，并且租金收入还会越来越高。相反，如果是单纯的银行储蓄，看起来每年都有利息收入，但实际上这笔利息收入还赶不上通货膨胀，得到的是负收益。

经过这样一比较，即使孩子的年龄再小，他也会逐渐明白的：原来，钱放在银行里只是一种"负债"，它随时随地都在掏你的口袋（表现为实际购买力下降）；而现在把它变成二手房，就摇身一变成了"资产"，不管在什么地方或什么时间它都会变成你的财富！

# 怎么挣钱才能富有

我们要生活就要有赚钱的本领，但想赚钱和能不能赚到钱是不同的概念。这也是为什么有那么多人虽然在一刻不停地赚钱，最终却富不起来的原因。因为他们不是不知道赚什么样的钱能致富，换句话说就是不知道怎么样有效赚钱。

所以父母应当告诉孩子赚钱与赚钱之间的区别。有哪些区别呢？首先看各种赚钱（收入）的类别。

根据我国个人收入调节税的征税项目划分，个人收入的征税类别分为以下八大类：①工资、薪金收入；②劳务报酬收入；③承包、转包收入；④财产租赁收入；⑤投稿、翻译取得的收入；⑥专利权的转让、专利实施许可和非专利技术的提供、转让取得的收入；⑦股息、利息、红利收入；⑧经国家财政部确定征税的其他收入。

此外还有以下九类免征税类别：①省级人民政府、国务院部委以上单位颁发的科学、技术、文化成果等奖金：②国库券利息、国家发行的金融债券利息；③在国家银行、信用合作社、邮政储蓄存款利息；④按国家统一规定发给的补贴、津贴；⑤福利费、抚恤金、救济金；⑥保险赔款；⑦军队干部和战士的转业费、复员费；⑧按照国家统一规定发给干部、职工的安家费、退职费、退休金、离休工资、离休干部生活补助费；⑨经财政部批准免税的其他收入。

你有没有觉得有些复杂呢？完全是。

　　然而，从普通读者角度看，上述所有收入都可以划分为以下三大类：劳动收入、投资收入、被动收入。

　　劳动收入的概念很明确，就是付出劳动所得到的劳动报酬。对大多数上班族来说，就是工资、奖金、补贴等。

　　投资收入就是从财产投资中得到的收入。如投资商品住宅或商铺，从中得到的买卖差价或出租后得到的租金收入，以及投资股票、债券、基金等得到的差价收入或分红。

　　被动收入就是没有或基本上没有付出劳动、也没有投入财产投资，就能得到每期固定的或一次性收入，如出版著作得到的版税、演出收入、专利收入、偶然收入等。

　　在上述三种收入中，劳动收入的增长速度最慢（有的企业多年不加工资，甚至越来越少就是一个很好的例子），可是纳税率却最高（实际到手的现金只有工资总额的1/3），并且这种劳动收入是以劳动付出为前提的，积累很少，甚至完全没有积累。一个简单的道理是，普通打工者工作一辈子也买不起一套商品房，你说有多少积累？

　　相比而言，投资收入和被动收入的增长速度最快（有时候每年可以增长多少倍），纳税率最低（一般不会超过20%，有的根本就不用纳税），并且这两种收入还都不需要或基本上不需要付出劳动（你该干吗就干吗去，并不影响你另外获取劳动收入），所以得到的完全是"利润"。

　　例如，在工资标准一定的背景下，劳动收入的增长是与付出的劳动时间成正比的。如果每天上班8小时，日工资80元；那么即使每天加一个班（8小时），日工资也只有160元（实际上加班工资不是这么算的，所以不可能有这么多）。可是，总不可能每天都加两个班，24小时上班吧？

　　可是投资收入和被动收入的增加，就因为和付出的劳动时间无关，所以不但不需要这么辛苦，而且完全可以轻而易举地就实现收入翻番。

　　以投资股票为例，正常情况下一只股票在一年间价格上涨五六倍是常有的事，如2009年"银河动力"（000519）的股价上涨了548.44%，"高淳陶瓷"（600562）上涨了489.37%，等等。如果购买了上述两只股票，并且在这一年间没有进行操作，就能获利五六倍，"致富"容易得很。

　　当然，"投资有风险，入市须谨慎"。这种风险是伴随着投资产生的，两者相辅相成，正常得很。

　　换句话说，正是因为有这种投资风险，才可能从中得到风险收入。如何在各种投资收入、被动收入中争取收入最大化，同时又把风险控制在自己可以承受的范围内，就需要有较高的财商了，这并不是人人都能做到的。

　　让孩子将来成为富人的诀窍之一，就是尽快把劳动收入积累转化成投资收入、被动收入。就好比说，劳动收入的积累是堵塞严重的普通公路，那么投资收入、被动收入的积累就是风驰电掣的高速铁路。无疑，后者的速度要快得多。

　　依照上述方面来看，只有在过去全社会劳动工资收入占国内生产总值（GDP）的比重较高、公民缺乏其他投资渠道时，"勤劳致富"这句话才是成立的；如果现在依然用这句话来教育孩子，就可能会笑掉大牙。"勤劳"与"懒惰"相比，要想维持基本生活尚有可能，要想"致富"又谈何容易。

　　现在大多数青少年都没有昂扬的斗志，他们既不愿意"勤劳"，"勤劳"又无法"致富"；在这种情况下，要想增加自己的额外收入，财商教育就显得越来越重要了。

# 积累率要计划

一定的实力基础是投资理财的必要条件。这种实力基础有两大来源：一是自我积累，二是祖上传承。但从根本上看，还是需要依靠积累，即使是祖上传承的，后天的个人努力积累也非常重要。

所以从这一点上看，既然强调财富的重要性，就必须对整个家庭的积累率有一个恰当规划；而作为孩子来说，父母也有必要对他们讲一讲这方面的知识，让他们心中有数。

所谓积累率，本是国民经济综合平衡中的一个概念，指积累基金占国民收入使用总额的比重。

在过去计划经济时代，有一门课程叫"财政、信贷、物资、外汇的综合平衡"，简称"四平"。"四平"理论认为，财政平衡是这所有平衡中的关键；可是进入市场经济时代后，由于不再实行统收统支，所以财政收入占 GDP 的比重不断下降，经济运行更多地体现出非均衡性，"四平"之间的综合平衡则上升到了更重要的地位。

所以我们现在一般不提积累率的概念了，耳熟能详的是投资。具体到每个家庭来说，积累率的概念实际上就相当于整个家庭在一段时间内的纯收入中究竟能拿出多少用于投资理财，这实际上就是过去积累基金的概念。

那么，一个家庭每年的积累率究竟达到多少才算是比较科学、合理呢？每个家庭的情况不同，所以这里不可能有具体而明确的比率。

即使是同样的家庭，同样的人，也会由于不同时期的收入水平大不相同，不同阶段具有不同的家庭任务、奋斗目标，积累率也会显得非常悬殊。

例如，对于还在学校里读书、没有工作的孩子来说，他们的所谓收入，如果不是凭自己的劳动从外部赚到的话，那么充其量不过是父母及其他长辈给他们的一种转移支付，仍然属于整个家庭纯收入的一部分。这时候对他们的零花钱就没有积累率的考核要求，如果有，主要作用也是为了培养他们的一种"节约"、"储蓄"观念。

对于大学毕业后刚刚参加工作的人来说，开头一两年工作还不稳定，需要东奔西走、找关系、打交道，而这时候他们的收入低、开销大，所以基本上不可能有积累，不伸手问父母要钱补贴就算是不错的了。而一两年过去后，工作开始稳定下来，工资也有所提高，该买的硬件都已经添置齐全，这时候就会慢慢有所积累，并把积累率提高到一个重要位置上来。也就是说，这时候就要开始真正的投资理财了。

虽然每家每户的情况大不相同，但是仍然可以从总体上找到合适积累率的一般规律。

国内外的经验表明，一个国家的积累率在 30% 左右最合适。1958—1960 年这三年间，我国积累率有两年在 40%，所以国民经济出现了一系列大问题。1980 年，邓小平根据相关部门的建议指出："我们这次搞长期规划，积累率就定在 25% 这个杠杠上。"后来虽然有所超越，但仍然控制在 30% 左右。可是最近几年来许多地方的积累率已经高达 40% 到 50% 甚至 60%，就导致了地方政府负债累累。从全国来看，2001——2005 年的积累率达到 40.7%，2007 年更是超过 42%。这就是我们今天看到部分行业盲目扩张、产能过剩、能源资源消耗过大、环境污染严重等后果的主要原因之一。

那么，我们能够从中得到什么样的经验教训呢？有以下两点需要注意。

一是每个家庭都需要有恰当的积累率。虽然这个积累率需要根据当年家庭重大收支计划进行调整，并且每家每户的情况大不相同，但泛泛而谈可以确定为 30% 左右。一个国家是这样，一个家庭也大抵如此。

积累率过高，就必然会降低眼下的生活水准；积累率过低，又会使得投资理财计划的实施和效果大打折扣。

简单地想想就知道，当购买耐用消费品需要向银行贷款时，如果每月还贷比例超过家庭收入50％，银行就会拒绝向你贷款，不就是考虑到了这一点吗？

二是恰当的积累率有助于家庭和谐发展。常常看到有些家庭经常为钱闹矛盾甚至闹离婚，其中的原因千差万别，但许多是可以归结到钱上来的；而在这其中，又有许多可以归结到是家庭积累率过高或过低引起的。这方面的例子太多，自己想一想是不是这样？

积累率适当，能够使得每个家庭及其成员都能保持舒适美满的生活，同时又能着眼于未来的长远发展。更可贵的是，能够从中体会到是钱在为你工作，而不是你在为钱工作。而这是锻炼财商能力的最终目标。

# 认识钱的启示

现金流量是会计学中的一个常用术语，简称现金流。现金流量（现金流）是企业在一定时间里的现金及其等价物流入和流出的数量。

很明显可以看出来，这里的现金不仅仅是指我们通常所说的"手持现金"，在企业中还包括"银行存款"，此外还包括现金等价物，即企业持有的其他货币资金。

而现金流游戏，是20世纪90年代美国财商教育家罗伯特·清崎发明的一套游戏，后来通过《富爸爸，穷爸爸》一书在我国的发行而流传甚广。由于发明这套游戏的时间是1996年，当年正是我国鼠年，所以现金流游戏在介绍到我国后被起了一个中国名字"老鼠赛跑"。游戏的目的，就是为了让读者在游戏中轻松地辨识和把握投资机会，并努力让非工资收入超过总支出，明白实现财务自由的重要性和实现途径。

现金流游戏包括许多日常生活中与金钱有关的内容，如生孩子、离婚、失业、破产、慈善事业、税务审计、官司等。其中一些条条框框与现实并不完全吻合，尤其是和我国的生活实际相距甚远，但通过反复玩耍，多少可以从中了解人生和金钱的关系，既学到金钱知识，也学到人生知识。

所以，父母可以和孩子一起玩玩现金流游戏。但在我看来，与此同时更重要的是注重平时的生活教育，让孩子在不知不觉间就懂得财富运动规律，以及财富和人生之间的关系是怎样的。这就是"生活即教育"的真正含义。

例如，在第二次世界大战期间，关押在奥斯维辛集中营的一位犹太人麦考尔，面对遥遥无期的集中营生活，仍然不忘对儿子小麦考尔进行财商教育。

大麦考尔对小麦考尔说，我们现在唯一的财富就是智慧，当别人说一加一等于二的时候，你应该想到会大于二。后来，父子俩奇迹般地存活了下来，这才有了我们今天听到的财商故事。

1946 年，他们来到美国，在休斯敦做铜器生意。有一天大麦考尔明知故问地说，你知道一磅铜值多少钱吗？小麦考尔回答说：35 美分。这个答案显然是正确的，但大麦考尔仍然感到不满意，所以纠正小麦考尔说，作为犹太人的儿子，你应该说是 3.5 美元。

众所周知，1 美元 = 100 美分。大麦考尔这里之所以这样说，实际上是故意扩大了 10 倍，表明"1 加 1"不再"等于 2"，而是"等于20"。见小麦考尔不理解，他又追加一句道，不相信你把一磅铜做成门把试试看，准能卖 3.5 美元。

后来，在小麦考尔独自经营铜器店时期，不但做过铜鼓、瑞士钟表上的簧片等小东西，还做过奥林匹克运动会奖牌，硬是把一磅铜卖到3 500美元。

1974年，美国政府为了清理给自由女神像翻新留下来的废料，面向全社会招标。可是好几个月过去了，一直没人应标，原因是当地政府对垃圾处理有非常苛刻的规定，弄得不好就会遭到环保组织起诉，从而得不偿失。

这时候正在法国度假的小麦考尔听说后，认为这是个很好的机会，所以立即终止度假，起身飞往纽约，毫不犹豫地就签下了合同，并且没有提出任何附加条件。

这下轮到其他公司纷纷为他担忧、要看他如何处理这一大堆垃圾的笑话了。

只见小麦考尔组织工人对废料进行仔细分类，把废铜熔化后铸成小自由女神像，把木头等加工成底座，把废铅、废铝做成纽约广场钥匙等一系列纪念品。不到三个月时间，这堆垃圾就全部变废为宝，为他赚回350万美元现金，每磅铜的价格上涨1万倍，一时名噪天下！

小麦考尔后来成为了美国麦考尔公司董事长。从他幼年时期，几十年来一直深深牢记着父亲大麦考尔对他灌输的"现金流"概念："一加一大于二。"

我们能够明白，这"大于"的部分就意味着现金的流入，即纯利润，它能令你的财富增长速度加快成千上万倍。只有这样，你才能做一个成功的富豪。

# 有效的资金运用为你带来良好收益

俗话说："种瓜得瓜，种豆得豆。"实际上赚钱也是一样的道理：

"种钱得钱。"这就是资金运用的良好结果。

在中国人的概念中，大多数人不愿意和银行打交道，这样的习惯一直延续。

例如，他们认为把暂时不用的钱存在银行里，还不如放在自己的床垫底下来得方便，要用的时候随时随地可以拿出来用；有些谨慎的人，则会在家庭装修时就在墙壁上凿一个暗洞，作为以后隐蔽存钱之用。

每当遇到家族中有人急需用钱的时候，兄弟姐妹、亲戚朋友就会纷纷从他们自以为安全的地方掏出钱来调剂、支持；如果实在没地方借到钱，则会想到把家中值钱的东西先拿去当掉，宁愿付高额利息，把当铺当做银行。

很明显的就能看出，这些人基本上都是"穷人"。他们不知道银行是怎么运作的，甚至根本不相信银行。当他们不得不要去银行时，和制服笔挺的工作人员打交道感到浑身不自在。在他们的脑海中，银行就是存钱的地方，"钱存在银行里最安全"；相反，如果从银行借钱就不好了，至少是遇到了什么大麻烦。

其实，对于这些人来说，"从银行里借钱"可能是一件好事；相反，"往银行里存钱"则可能是一件糟糕的事。

首先我们这样想，现在以银行为代表的金融机构效益都很不错，工作人员薪酬也很高，是真正的"银饭碗"。可是银行究竟是怎么赚钱的呢？正如大家知道的那样，银行的主要功能是"存钱"、"放贷"。它一手去接储户存进来的钱，付给储户较低的利息；另一只手把这些钱再贷出去，收取客户较高的利息，从中赚取存贷款利息差。这是银行收入的主要来源，当然，除此以外各种手续费也是重要收入来源。

从中容易看出，银行实际上是资金运用高手，而如果你也能学到这一招（当然不一定要开银行），同样能从中获取银行那样的投资收入。

也就是说，如果你不是把钱存在银行里获取较低的利息收入（这些利息收入远远抵不上通货膨胀，实际上表现为负利率），而是相反，从银行里借钱出来用于其他投资项目（当然其投资回报率比银行贷款利率要更高），你就能从中获得与银行存贷款利率差一样丰厚的收入。

我们通过一个简化的例子来算算看：根据现行存贷款利率标准，储户把 10 万元现金存入银行，每年可以得到的利息收入是 $10 \times 2.50\% = 0.250$ 万元；而银行把这 10 万元转手贷给某个企业或某个人，收取的贷款利息是 $10 \times 5.56\% = 0.556$ 万元，这样就形成了 0.306 万元利息差，相当于年投资获利率 3.06%。

容易看出，你把这 10 万元存入银行得到的年投资回报率是 2.50%，可是银行把这笔钱贷出去后，得到的年投资回报率比你还高（$5.56\% \div 2.50\% - 1 = 1.224$）。明白了这一点，你就知道为什么银行要拼命揽储了。

而现在的问题是，如果你不把这 10 万元存入银行拿利息，而是用于投资、经营，就可能会获得比储蓄高得多的回报率。

假如你把这 10 万元用于投资，一年下来得到 4 万元获利，就意味着你的年投资回报率是 40%，比放在银行里拿利息要高出 $40\% \div 2.5\% - 1 = 15$ 倍（或者说是高出 37.5 个百分点）；即使这 10 万元你是从银行贷款得来的，需要付出 5.56% 的高额利息，年投资回报率依然会高达 $40\% \div 5.56\% - 1 = 6.19$ 倍（或者说是高出 34.44 个百分点）。

根据上述事实我们可以得出一个明显的结论，那就是钱的价值在于运用。如果你有钱不用（存在银行里拿利息），虽然也能得到微薄收入，但总的来说财富是在不断缩水的；如果你善于投资，那就可能会几倍、几十倍甚至几百倍地提升你的财富价值。

从上我们看出，这时候你的这种投资行为，和银行运作方式一模一样；换句话说，这就相当于你自己在家里开了一家"银行"，你就不必担心你的财富会远离你了。

需要我们时刻注意的是，这里的存贷款除了个人的想法不同之外，还与合适的投资渠道、方式不可分割。换句话说，从银行贷款用于投资、经营的着眼点，在于其获利回报率要高于贷款利率，不然的话最终结果可能就是得不偿失的。

# 拥有资产和背负债务

"资产"和"负债"是会计专业经常会用到的术语。负责财务的工作人员每个月都要编制"资产负债表"，这是所有会计报表中最重要的一张表，主要是用来反映这个会计主体（企业或组织）当时所有的资产、负债、所有者权益现状。

会计学上的界定是："资产"是指拥有的各项财产、债权和其他权利，"负债"是指未来向债权人交付"资产"或提供劳务的经济责任。这话看起来比较深奥，对于普通读者来说可以简单地理解为："资产"是能够为你赚钱的东西，"负债"则是需要你用钱的地方。知道这样的要点就可以了。

例如，如果你家里有一套多余的住房对外出租，你每个月可以由此收到房租，这房租当然是给你创造的收入了，那么这两套住房就是你的"资产"（通常称之为"房产"）。

如果你家里有两台电脑，由于这两台电脑是供你娱乐用的，不但不会创造收入，而且还要经常用钱，如坏了需要维修，即使是正常使用，每天也会折旧，这就是你的"负债"。

所以，这里的"资产"和"负债"概念，和我们平常所说的"家当"不完全一样。通常地说某人家里的"家当"多，就表示他家"有钱"，理由是他家的"资产"比别人多。其实，这些"家当"里面既有"资产"也有"负债"，更多的时候是雌雄同体——既是"资产"，也是"负债"。

例如，上面所述的两套对外出租的房产，如果其租金收入还不够房屋维修、折旧、当初原始总投资的利息收入，你这时候实际上就不能从中得到真正的收入，这时候这种"资产"实际上就变成了"负债"。

进一步展开说，目前国际上用来衡量房产投资价值的标准通常有两个。

一是银行存款年利率加 5%。例如，如果现在的银行存款年利率是 2.5%，那么你对外出租房屋的租金净收入至少应该达到当初原始总投资额的 2.5% + 5% = 7.5%，才算是持平。如果你当初购买这套住宅共投资 50 万元，那么你现在的年租金收入应该在 50 × 7.5% = 3.75 万元以上，一般认为才可以把它叫做"资产"，否则就可能成为"负债"。

二是房产原值总投资的 1/15。例如，你当初购买这套住宅共投资 50 万元，那么你现在的年租金收入应该达到 50 ÷ 15 = 3.33 万元，才能确定这套房产是"资产"而不是"负债"。

在一般人眼里，的的确确属于"资产"的房产尚且如此，就更不用说更容易混淆概念的其他项目了，如装修，家具、小轿车等高档用品，以及家用电器、手机等低值易耗品，因为它们都不能给你带来收入、只能增加你的耗费，所以只能被称为"负债"。如果你把这些也称为"资产"（家当），就犯了概念性错误。

用钱的秘诀之一，或者说致富秘诀之一，就是尽可能多地添置"资产"而不是"负债"。也就是说，当你家中购买的物件中，能够为你创造收入而不是时不时要花掉你几个钱的物品越来越多时，你就会变得越来越富。

这样的例子在生活中司空见惯。有两个邻居，他们的家庭环境极其相似，但由于选择的"资产"、"负债"项目不同，最终导致贫富悬殊。

两对夫妻都是在某风景区工作的普通员工，上班较远，但有班车接送，工资收入一般。

2000 年的时候，他们两家大约都有 15 万元存款，在银行储蓄不情愿，添置点东西吧又不知道买什么好，最终高君家买了辆小轿车，理由是，同事中许多人都买私家车了，自己不买觉得没有面子；章君家买了一套 135 平方米的商品房，当时的房价每平方米还不到 2 000 元，所以只是少量的借贷了一些款。

现在 10 年过去了，高君家的轿车早已折旧得厉害，又买了一辆新的，否则颜面上过不去，每年的积蓄也都变成了汽油费；章君家搬进新房后，把原来的一套住宅用于出租，既改善了自身居住条件，每月又有一笔 2 000 多元的房租收入。虽然至今没有买私家车，但已不是买不起的问题了，而是觉得没车也没什么不方便，偶尔出行打个车也很方便；从来没有觉得在别人面前难堪，相反还经常有同事夸他们"有头脑"。

俩个家庭的不同做法最后得出的结果是，两家现在至少相差 150 万元。

# 钱财的价值在于你的合理运用

钱只有放到社会中进行流通才算是真正意义上的钱，否则无论多少钱都将一"钱"不值。就好比说，我有 100 万元存款，你有 1 000 万元，规定无论什么情况下都不准动用这笔钱，这实际上就表明无论我这 100 万还是你的 1000 万都等于 0。

其中的道理很明显。但钱怎么用，却非常有讲究。通俗地说就是，有的钱会越用越多，有的钱则越用越少。这就又涉及本书前面所说的"资产"和"负债"概念了：如果你的钱体现为"资产"，那么就会越用越多，因为"资产"是会增值的；如果你的钱体现为"负债"，就会越用越少，因为"负债"本身就意味着财富的减少。

如果这样说还有不明白的地方，那么你想一想母鸡下蛋和公鸡打鸣这两种不同行为，也就一清二楚了。

农民家里孵出的一窝小鸡，一到时间，首先被农民宰杀的是公鸡而不是母鸡。特别是有个时期"割资本主义尾巴"，每家每户只许养一只鸡，那么就更是非母鸡莫属了——全家都指望着靠它下的蛋去换盐和酱油哪！

如果是养一窝鸡，通常情况下是只留一只公鸡，其任务是天亮给人报晓，相当于闹钟功能；当然，也是作为种鸡留用的。只要条件许可，农民总会尽量把母鸡养着下蛋。

养鸡需要人工喂饲，所以农民需要算一算喂食经济账，才能据此控制母鸡只数规模；即使幸存下来担当下蛋重任的母鸡，也不会养得太肥，太肥的鸡是不会下蛋的，既浪费钱（饲料），又达不到目的（下蛋）。即使到最后不得不要杀母鸡了，也会首先从不下蛋的母鸡开始杀起。

也许农民并不懂得什么经济学原理，也不知道什么叫财商教育，但显而易见的是，上述做法非常符合本书前面所说的"资产"、"负债"特征——会下蛋的母鸡是"资产"，它所下的蛋就是给你带来的投资回报；而不会下蛋、只会打鸣的公鸡则是"负债"，当它发育成熟后，再怎么给它喂食都不会长个子、增体重了，如果不是为了要派报晓、传宗接代的用场，这时候就相当于你只有投入、没有产出。

能够看出来，对于没有接受过财商教育的农民，他都绝不会倒过来做。一年又一年，鸡群年年更新，年年都是这样。

联系到财商教育上来。父母应当告诉孩子的是，就像杀公鸡、养母鸡一样，今后如果要想个人财富不断增长，就应该把资金积累中的大部分用于购买"资产"而不是"负债"（尽可能养母鸡而不是养公鸡）。

也就是说，家庭积累要尽量用于投资而不是消费；如果要消费，也要尽量用你的"资产"所创造的收益去消费。这样，你的"资产"数额就会像雪球一样越滚越大。

就好比说，能够给你带来投资回报的"资产"，就像母鸡所下的蛋；而"负债"只能从你的口袋里掏钱出去。

与此同时要注意的是，即使"资产"也有不同种类，要通过不断学习尤其是专业训练，有针对性地、不失时机地购买投资回报率高的"资产"。这里面的学问大得很，限于篇幅，下面只举一个简单例子加以说明。

众所周知，中国人在投资理财方面比较保守，储蓄率高，自始至终手中的现金（包括储蓄）比较多。这一特点非常有助于抗衡金融风险，却没有发挥现金为王的应有作用。

以往每次经济低迷时，"现金为王"的观点就特别盛行，但这并不表明把钱存在银行里拿利息、不去投资是正确的。正确的做法是，反其道而行之才能体现出现金为"王"的风格来。

因为经济发展是有阶段性的，只有在经济不景气时进行投资，才能为下一轮成长期的良好获利打下基础，从而实现投资获利最大化——让母鸡下更多的蛋。

例如，某股票一年前的价格是每股100元，你没有买股票，而是把这100元钱存在银行里；一年后的现在该股票已经跌到每股50元，你原来存在银行里的100元这时候则已经变成了102元；如果这时候你继续存在银行里，而不是拿出来买股票，那么现金的"王者"功能就无法得到体现。相反，如果你把这 102 元拿出来买股票，只要将来该股票价格重新回升到每股 100 元，就意味着你已经有了 100% 的获利回报。

股票投资在这里仅仅是打个比方，其他如企业、厂房、土地、机器设备、企业破产后的残余"资产"，甚至养儿育女，这些都是同样的道理。

因此经常能看到这样的现象，越是贫穷的地方生育率就越高，因为他们养育孩子的成本太低。他们的孩子将来只要能够到富裕地区去打工，取得与富裕地区相同的劳动收入，如此这样，家里的回报收入才会增长。

# 孩子也要学会管理

从传统到如今，学校老师都会给孩子布置一些像"今天我当家"这样的作业，要求孩子在家里帮助父母做家务、安排一日的家庭开支等。实际上，这是培养孩子财商的好时机。每当遇到这样的作业时，父母不要敷衍了事，也不要草率指导。如果省略了这个环节，孩子实际上就失去了一次很好的财商教育、锻炼机会。

我们可以肯定，在幼年时就经常这样教孩子，将来的财商更高，更适合担当企业管理工作，更容易取得成功。

所以，经常让孩子在家里学学怎样当"董事长"——每个月可以固定一天，让孩子安排当天全家的生活伙食、工作娱乐、费用开支，一头扎进现实社会。

既然孩子是"董事长"，那么父母就是"董事"、"监事"，有责任协助"董事长"开展工作，但也有义务听从"董事长"的安排。所以当出现"董事长"的安排不尽合情合理时，也要尽力配合，久而久之他就知道该怎么做了。

关于这一点，国外的父母做得好，这也是国外的大企业、大企业家层出不穷的原因之一。这些未来的企业家从小就得到了很好的财商锻炼，这一点功不可没。

例如，1954 年，英国有位名叫理查德·布兰森的 4 岁男孩，被母亲从外面开车带回家时，在离家还有几公里处就被突然告知要自己走回家，目的是锻炼他的独立处世能力。虽然面对一望无际的田野，理查德·布兰森根本不知道何去何从，但他还是走回了家。毫无疑问，经常对孩子进行这样的训练，非常有助于提高他的独立生活能力和财商。

父母的这种教育得到了回报，当理查德·布兰森想吃饼干时，就会把父母送给他的一部玩具电动车进行改装，然后对小朋友们卖门票：只要给他 2 块巧克力饼干，就可以观看他的改装车。结果，一连半个月，他每天都有吃不完的饼干。

17 岁时，他看上面广量大的学生群体，用妈妈给他的 4 英镑作本钱，在一个狭窄的地下室里创建了一本名叫《学生》的杂志，进行企业化运作。结果怎么样呢，这本杂志的发行量一度高达 20 万份。

20 世纪 80 年代，他创立了拥有 350 家分公司的商业王国——维珍集团，投资范围遍及婚纱、化妆品、航空、铁路、唱片、手机、电子消费产品甚至安全套。现在，他的个人财富至少超过 70 亿美元。

毫无疑问，"董事长"必须有良好的经营头脑，而经营头脑的培养要从小做起，越早越好，越早越自然。在这方面，美国人的教子方法值得推崇。

一天傍晚，美国一位快餐送货员把一盒快餐送到了顾客家里。开门后出现的是一位年轻父亲，手里抱着小男孩。小男孩手里举着两朵野花，一朵黄的，一朵白的，奶声奶气地问："你要哪一朵？"送货员脱口而出："好漂亮呀!"

小男孩在父亲怀里踮起双脚，把手里的花尽量举得高一点，重复道："你要哪一朵?"送货员随口答道："就来一朵黄的吧。""25 美分。""什么? 还要付钱呀?"送货员有点意外。小男孩坚定地说："请为这朵美丽的花付 25 美分。"

这下送货员听清了。小男孩满脸兴奋，而一旁的年轻父亲则一言不发，默默注视着这一切。

"好吧，拿好了，这是 25 美分。"送货员递上一枚硬币。

"谢谢!"小男孩因为刚达成一笔交易兴奋得满脸通红，随即情不自禁地雀跃起来。

这时，年轻的父亲将 30 美元付给送货员，说："请收好，不用找了。谢谢您成全我儿子的第一笔生意。"

送货员接过钱，一算，这盒快餐的价钱是 24 美元，送步费 2 美元，一般顾客的小费是 2 美元，余下的 2 美元显然就是刚才他购买这朵野花而得到的"贸易补偿"了。

临别时他追问一句："小朋友多大了?"年轻父亲回答说："下个星期就 2 岁啦!"

和外国的家庭比较，我国的父母不但不可能这样做，甚至会责备孩子。只是如果孩子太小，才会放他一马。

然而在这种环境下长大的孩子，随着时间的流逝就失去了"经营"能力，把自己定位于打工仔身份。他们的财商不仅没有得到恰当的锻炼，甚至原有的也被扼杀，所以成年后面对未来比较迷茫，只能沦为别人的打工仔。

# 鼓励孩子的初步创业

"合伙人"是一个法律概念，指投资组成合伙企业、和别人一起经营，在这个团体中享受自己的权利以及履行相应的义务。

当然，这里所说的让孩子成为合伙人，并不是要孩子真的去投资、管理什么企业，而是让他抱着这样一种心态来参与家庭事务管理，在这样的实践中得到熏陶和历练。

道理很简单，当今社会越来越强调合作，尤其是独生子女时代，孩子如果缺乏这种合作精神和合作心态，将来就可能一事无成。所谓"独木难成林"说的就是这个道理。

做人是这样，做事、投资也是如此。你向亲朋好友或银行借贷用于投资，难道就不能将其看作是一种合作行为吗？

合伙人意识的精髓是尊重别人。懂得尊重别人、处处尊重别人，这样的孩子将来会占得财富先机。

在这方面，美国钢铁大王安德鲁·卡内基（Andrew Carnegie，1835—1919），就是一个非常典型的例子。他在这方面很有一套，这也奠定了他以后的成功和辉煌。

安德鲁·卡内基10岁左右时，养了一只母兔做宠物。没过多久，这只母兔生了一窝小兔子，他既兴奋又苦恼。苦恼的是兔子要吃草，可是他没有足够的零花钱雇人割草，所以就对周围的小朋友们说，欢迎大家"认领"这些小兔子。只要你割草给小兔子吃，这只小兔子就可以用你的名字来命名。这样一来，本来是局外人的小朋友们个个欢呼雀跃，踊跃参加到合伙喂养小兔子的行列中来了。

不容否定，这种做法目前已经非常普遍，并被广泛应用在慈善事业和希望工程中。但在160年多以前，只有一位10岁的小孩想到了这一点。

他相信，每个人对自己的名字都非常在意，并且有一种特殊的感情，只要好好利用这一点并加以尊重，就可以得到自己想要的东西，并把它变成财富。

在后来的事业发展过程中，安德鲁·卡内基经常利用这一特点与人合作，屡屡取得巨大成功。

例如，有一次，安德鲁·卡内基在与布尔门铁路部门竞标太平洋铁路的卧车合约时，因为双方是竞争对手，所以互相压低价格，到最后已经两败俱伤，无论是谁拿下这个项目都已经没多少钱可赚了。

这时候，他找到对方进行了一次开诚布公的会谈，顺便提出双方是不是可以合作。而实际上呢，这时候对方也正有此意。但众所周知，合作必定会涉及一系列具体问题，例如谁掌握主动权、新公司叫什么名称等。

不出所料，布尔门马上问他："如果双方合作新公司叫什么名称？"这时候的安德鲁·卡内基脑海中立刻浮现出小时候对外"认养"兔子的事，立刻回答道："当然就叫布尔门卧车公司啦！"可想而知，双方马上就达成合作意向。

类似于这样的事情很多，有时候安德鲁·卡内基会做得更绝，体现出他高超的经营技巧和财商。

有一次，他在美国宾夕法尼亚州的匹兹堡建造一家钢铁厂，专门生产铁轨，这种铁轨主要销售给宾夕法尼亚铁路公司。钢铁厂建成后，安德鲁·卡内基特别要求用宾夕法尼亚铁路公司董事长的名字来命名。

宾夕法尼亚铁路公司的董事长叫汤姆生，不用说，他在以后的铁轨采购中毫无疑问会优先选择这家以他名字命名的"汤姆生钢铁厂"的产品。这样一来，就保证了安德鲁·卡内基旗下的这家钢铁公司的基本业务，如此高超的理财方式让人不得不佩服。

安德鲁·卡内基从身无分文的移民，到最终成为一代"钢铁大王"，与美国"汽车大王"福特、"石油大王"洛克菲勒齐名，成为当时的全球首富；在几十年时间里，他的公司保持着全球最大钢铁公司的地位，几乎垄断了美国钢铁市场，不能不说与他出众的财商有关。

值得我们注意的是，安德鲁·卡内基出生于一个贫困的家庭，可是他却十分赞赏祖父的那种坚韧不拔，所以作为长孙，他也取了一个与祖父完全一样的名字，并为自己的这个名字感到十分骄傲。至于他创建钢铁公司后，把公司用自己的名字命名，称之为卡内基钢铁公司，也是出于同样的原因。

# 我们的零用钱应怎么给

我们是否在自己的身上要带有自由支配的钱，这是家长们历来不断探讨的话题。而实际上，这没有固定的说法，因为每个家庭的情况千差万别，对待方式也各有差异，所以对子女的教育措施也是各不相同的。

孩子从父母处取得零花钱，实际上体现为父母（家庭）对孩子的一种转移支付。在会计核算上，财政转移支付的方式有三种：按计划拨款、按项目拨款、按进度拨款。体现在给孩子的零花钱上，也大抵有这样三种方式：按照小家庭或大家庭商讨的结果给孩子零花钱，孩子在家里完成某项劳务赚到的零花钱，每月或每星期固定或不固定地给孩子零花钱。除此以外，其他长辈、亲戚、朋友也可能会给孩子礼金的。

当然，也有的家庭不给孩子零花钱，而是当孩子有需要时实报实销，虽然这种实报实销也体现为一种零花钱方式，却不是本书所讨论的范围。

在给孩子零花钱的家庭中，非常困惑的是要不要强调这些零花钱是用来购买孩子的劳务或表现的？应该说，两种方法各有利弊。

如果不是根据孩子的表现给零花钱，孩子就会觉得这是自己"理所当然"应该得到的，和业绩无关；如果根据孩子的表现给零花钱，孩子又会觉得自己好像是家庭的"雇员"。

特别是现在的孩子很机灵，他可能会马上提出两点看法：一是他发现其他家庭成员如爸爸或妈妈也做家务了，却没有得到应有的报酬，或者没有人给报酬，所以指责"不公平"；二是当他觉得不合自己心意时，就放弃这种表现。例如，你叫他做这个能得到 2 元钱，他就会以自己现在"不高兴"而拒绝，大不了不要这 2 元钱，甚至会说自己的零花钱足够用了，就不愿意干，这时候你能怎么着？

应该说，这样的问题在全球各国普遍存在，一直众说纷纭，但又不可能找到所谓的标准答案。

一般认为，从财商教育角度看，在给孩子零花钱和不给零花钱的两种方式中，以给零花钱为好；而给零花钱究竟要不要看孩子的表现而言，还是以根据孩子的表现给零花钱为好。

因为这会让孩子觉得，这种"付酬"有理有据，师出有名，不是父母"恩赐"的，以后在使用中也会更加珍惜自己的"劳动"成果，更符合通过零花钱锻炼孩子理财能力、承担个人全面财务责任的本意。

不得不指出的是，无论给不给零花钱，有些孩子就是认识不到他们应该为家庭或这个社会做点什么，或者对钱看得很重，或者满不在乎。

关于这一点，在不同家庭中情况非常不同，总的来看和家庭熏陶有关。所以经常会看到，有的孩子"天生懂事"，有的孩子"天生不懂事"，就是这种差别。

例如，有些事情应该是孩子自己做的，可是在实行了零花钱政策以后，却不愿意自己做，而是要父母帮忙；或者趁机要挟父母把这也划入"有偿付酬"范围。

举个最简单的例子来说，孩子已经会自己吃饭了，就是僵着不吃，希望父母喂给他吃；如果父母要他自己吃也行，得"付钱"来买。这时候怎么办呢？许多父母便会软下心来，央求他自己吃。父母的想法是：不管怎样，这能锻炼他的自我动手能力，而至于"钱"嘛，虽然在孩子身上，但也同样在自己家里，不碍事的。再说了，换个角度看，就算是父母"奖励"孩子自己吃饭的总行了吧？

不用说，当出现类似这样的情形，父母就要清醒地认识到，这时候已经被孩子用零花钱给绑架了。无论能否找到"奖励"的借口，只要首先是孩子提醒父母这样做的，或者父母是被迫这样做的，就表明父母被孩子"绑架"了。

这是一种非常危险的信号，这表明父母正在把原本属于自己的控制权慢慢地交给孩子，任凭他怎么使用。遇到这种情况，有以下建议。

首先，明确每个人的个人事务范围。无论孩子还是父母，个人事务是不可能也没有地方能得到报酬的。例如，每个人的穿衣、叠被、洗脸刷牙、收拾碗筷向谁去要报酬？

其次，明确每个人的家庭和社会责任。无论孩子还是父母，应该承担的家庭和社会责任都是不计报酬的。例如，孩子在家里给父母敲背、在外面给陌生人指路等，就不能谈报酬。

再次，明确希望孩子达到的目标。根据孩子的年龄、性格、喜好，在上述个人事务和家庭、社会责任外，划出一块不计报酬的范围，明确这是他应该做的，以防受到要挟。

最后，鼓励他们额外创收。也就是说，不要总局限在有关他个人和家庭的事务上谈零花钱，而是启发他进一步思考，提出他认为可以开发的创收项目，有创意就会有丰厚的回报。

在这里，非常重要的是两点。

一是要正确地与孩子商量，这个过程本质上是一种教育方式，通过协商讨论的方案更容易得到执行，更加有实现的价值。

二是支持孩子提出合理可行的项目，鼓励他在项目完成后及时向父母讨债。不用说，这实际上是在培养孩子的创业、开拓、企业家精神，这样的孩子将来踏上社会后，取得财务成功的机会更大。即使这样我们的零花钱花费要大一些，父母也觉得是值得的。

# 零花钱该怎么用

为什么家长要给孩子零花钱，目的在于让孩子自身安排必要的费用支出，好让他负起应有的财务责任来。父母大抵上都知道这一点，只是没有进行详细的疏导管理，因此没有得到预期的效果。

一个很简单的道理是，无论孩子有没有属于自己的零花钱，他们将来长大后都要面对家庭、面对社会负起应有的财务责任。如果从小就有权支配零花钱，将会是一种很好的锻炼，这样的孩子长大后更适合担当企业经营、管理人才，因为他们更善于找到成功的财务解决方案。

我们应该明确的是，这种锻炼一要有机会，二要有科学指导，三要有如期效果。当然，由于孩子年龄小，在这方面往往考虑不到那么远，所以父母及其他长辈有责任教他怎么做。

要达到这样的目的，父母怎样向孩子解释零花钱的概念、规范零花钱的使用，就显得非常重要，绝不能让孩子认为零花钱是父母"理所当然"应该给他们的。因为别的孩子也有，所以自己就应该有。

例如，有这样两个家庭，一个家庭的父母对孩子说："这个星期你学习很努力，在×××比赛中得了奖，在家里能每天帮父母擦桌子、搬凳子，我们对你的表现很满意，所以奖给你每个项目 10 元钱，共 30 元。如果你以后继续这样努力，每个星期都能得到这些奖励。"

　　而另一个家庭的父母对孩子说："我听说你的同学××有零花钱，×××也有，所以我从现在开始每个星期给你 30 元零花钱，你自己看着办，要用的时候就用。"

　　很显然，前者的孩子知道他的零花钱是怎么来的，所以会进一步努力，争取每个星期都得到这样的奖励。这不但是钱的问题，更是一种荣誉。而后者的孩子会认为，他得到这些零花钱是"理所当然"的，因为其他孩子也有；说不定还会嫌少，因为横向比较后总有一些孩子的零花钱数额比他高。并且，父母对他怎么使用这些零花钱并没有要求，所以容易导致他在和同学攀比中乱消费，最终反受其害。

　　孩子的零花钱能不能真正发挥作用，在每个家庭中是完全不同的，关键在于孩子的价值观。

　　一份调查表明，在现在的小学生和初中生中，77％的孩子感到自己的零花钱"不够用"，18％的孩子感到"勉强够用"，认为够用的只有 5％。并且随着年龄增长，孩子对零花钱的需求也越来越大。而这些零花钱究竟用到什么地方去了呢，这正是他们的父母所关心的。

　　调查表明，小学生的零花钱主要是用在了购买零食、小玩具和文具上；从小学高年级开始使用范围急剧扩大，生日聚会时邀请同学去歌厅唱通宵、请客送礼的比比皆是。有的是父母不知道，有的是知道也没有办法，因为大家都这样，最后只好被迫同意，孩子们也在攀比，觉得这样挺有面子。

　　显而易见，在了解到有关财商知识后，父母就应该明确，一旦孩子有了"收入来源"，就要帮助他树立起"资产"、"负债"的概念，了解基本的财务知识，慢慢学会承担相应的财务责任。

　　只有这样，父母在帮孩子克服"零花钱是我理所当然应该得到的"同时，正确引导孩子合理使用零花钱。如果孩子有了零花钱却不知道怎么用，就很难发挥零花钱的应有作用。

在这其中，很重要的一点是，要和孩子一起确立财务目标，也就是说接下来这个月、这一年中要办成哪几样"大事"。

要知道，这种一起和孩子研究、讨论财务计划的过程，不但对孩子是一种尊重，本身就是在教他们怎样实现财务目标。当最终实现这个目标时，孩子会从中受到极大鼓舞，得到深刻的启发和宝贵的实践经验。

举个例子来说，孩子想买一台学习机，这时候他已经有了一定的零花钱和长辈给的压岁钱，但是离学习机的价格还差一些。这时候就可以和他一起商量：要买学习机还差多少钱？怎样才能筹到这些钱（引导他不是单纯地向父母讨，而是通过自己的劳动付出赚取，这体现了前面所说的钱的交换功能）。这样，孩子就有了为目标而奋斗的动力，他会在以后为获得这些钱而努力。

当孩子最终用他自己的零花钱买到他梦寐以求的学习机后，一定激动万分，自信心更加强，甚至到处宣扬"这是用我自己的钱买的"。

拥有了如此的自豪感，孩子的健康成长将会多一重保障，对孩子以后的教育所起到的巨大作用怎么形容都不为过！

# 第六章　发现天赋，开发潜能

## 财富也能"遗传"

不知你有没有发现，我们生活中好像有钱人会"遗传"。父亲或母亲有钱，子女也会有钱，甚至带动子女的子女、子女的朋友也有钱；兄弟姐妹成年后一个人有钱，会带动其他人有钱；家里出现了一个富翁，会带动家庭里的人一起富裕起来。

很明显这里的遗传不是指生物学上的，但又和生物学概念上的遗传有一定的关系。

究其原因，主要有以下三方面。

一是一个家庭经济发达了，会带动其他兄弟姐妹、亲戚朋友共同致富。特别是我国的家族裙带关系牢不可破，创办实业往往需要整个家族一起做，所以在一些加工区，兄弟姐妹、亲戚朋友之间往往会形成上下游产业链。其中只要有一个人当上大老板，方圆几十里会冒出一系列小老板来；大老板可能是亿万富翁，一个个小老板至少也是百万富翁。

二是在上述这些人中，经济上虽然没有密切联系，各做各的，可是产业链上却联系紧密、思想上相互启发。在这样的大环境下，仅仅受环境熏陶和影响，就可能复制成功。

三是"老子英雄儿好汉"。自己赚钱了，年老体弱后退出，把现成产业交给下一代去经营管理，子承父业。这种形式更简单，也更直接。当然，其结果也是有好有坏的。

从上可以看出，在每一个孩子身上，有钱的天赋主要表现在他是不是生活在富人圈子里，像富人一样思考；或者直接得到富人的资助，利用他们打下的坚实基础。如果有，就说明他得到了"遗传"。前者是间接的，后者是直接的。

有人也许会问：可是，并不是生活在这个圈子里的人个个都富裕；同时，也并不是富翁的每个孩子都富裕呀！

确实如此。这除了性格、志趣、机遇等方面的原因外，和他小时候成长发育过程中有没有"安全依恋"有关。安全依恋型孩子的财商较高，非安全依恋型的孩子财商较低。

安全依恋的具体表现是，当孩子的依恋对象在自己身边时，他会自由自在地去进行探索、与陌生人打交道，而在他（她）离开时，则会表现得心烦意乱；而当他（她）再次回来时，又会感到非常高兴，甚至会走上去热烈拥抱。

孩子的依恋对象可以是爸爸妈妈、爷爷奶奶、外公外婆或保姆中的一个或多个，关键是看出现在他身旁的频率，以及能否经常去关心、照顾他。

过去60年的心理学研究表明，在孩子出生后第一年中形成的这种依恋关系，会维持相当长的时间，并且对他的心理和情感产生持续影响；幼儿时期形成的这种依恋关系，会奠定他成年后对整个世界的感受和认识。

不用说，能够建立安全依恋的孩子，长大以后会自信地探索世界、信任别人，自然而然地和别人打交道，财商较高，生活也比较幸福。这时候他们会具有一种良性的自我调节功能。例如，饿了会大声哭闹，一旦吃饱了就会停止哭闹，表现得非常平静和快乐。将来长大成人后，面对各种挫折，也会轻而易举地去加以解决，比较从容地处理财富关系。

相反，与安全依恋相反的两种类型，即焦虑—反抗型依恋、焦虑—回避型安全，说穿了就是"不安全"。

这样的孩子长大后，会始终认为他生活的环境是不安全的；出于自我防卫需要，他对心理和情感的自我调节不是过度就是不足，总是把握不好。调节过度，会让人觉得这个人很难接近、很难说话；调节不足，会让人觉得这个人行为过激，甚至是"危险分子"。

那么，安全依恋与财商之间又有什么关系呢？

研究表明，富裕家庭出生的孩子安全依恋往往较差，原因是他们的父母或者应酬较多，或者忙于赚钱，忽略了与孩子的频繁接触，以至于他们总觉得周围环境很"不安全"。

关于这一点，在他们读书阶段就会体现出来。他们常常会想：既然我的父母那么有钱，那么我还有什么必要像其他同学那样勤奋学习呢？踏上社会后，无论是与人交际、做生意、谈恋爱，都会产生一种"别人究竟是喜欢我家的钱还是喜欢我这个人"的困惑，从而产生不信任、胆怯、自卑、怀疑、心理混乱甚至负罪感，最终把好事办成坏事。

这就是有钱人家的孩子有时候无法"遗传"有钱基因的原因之一。

避免此类现象做法非常简单，那就是家长在孩子小时候尤其是婴儿期，要多与孩子接触，如果有条件的话最好是请长假陪孩子，让孩子在成长期就笼罩在安全的氛围中。一般这样做了以后，就会有助于孩子成年以后勇敢面对周围的环境。

# 发现孩子的长处

作为家长要明白这一点，让孩子接受培养是为了发现孩子的优点，而不是把孩子当做知识接收的机器。之所以说现在的学校教育是失败的，理由就在这里：无论孩子的个性特点有什么不同，天赋有何差异，都给他们灌输同样的知识，然后以此来判定成绩好坏。不仅中国教育有这种弊端，国外也存在同样的现象。

人的天赋是多种多样的，做父母的应当从小鼓励孩子多与人和自然接触，及早发现他们各自的天赋，从而找到适合他个人的学习（包括读书但不仅仅限于读书）方法，以取得事半功倍的效果。

不同的天赋决定了每个孩子最有效的学习方法各不相同。这就是说，如果你有几个孩子，那么你就要特别注意，不一定也不能用同一种方法来进行教育，这也是古人因材施教的道理。

那么，怎样做到这一点呢？其实很简单，那就是看孩子天性对什么最感兴趣，这个兴趣点就是他的天赋。符合这一特点的学习内容和方式，他会学得最快、最有效果。

看到这里，有人也许要说了，现在的孩子最喜欢的是电脑游戏，你也让他去玩游戏吗？

这个问题问得好，确实如此。其实，让他多玩玩游戏真的并没有什么错。

现实生活中容易看出，喜欢玩游戏的孩子特别聪明。一台电脑搬过来放在孩子面前，虽然这个孩子从来没有看到过电脑，更不知道怎么玩，他这里按按、那里抠抠，很快就能操作起来，让人不得不感到神奇。

相反，如果你丢本书在孩子面前，让他好好看看。过了一会儿，你可能会看到他居然还没有翻过这本书，因为他对这本书根本就不感兴趣，而你却觉得这是一本好书，所以歇斯底里地警告他"赶快看"。又一会儿过去了，孩子终于翻了翻，然后仍然丢在那里。这无论叫翻书还是看书，实际上一点效果也没有。

这样说来，并不是说打游戏好、看书不好，问题是你并没有让孩子对看书产生兴趣，这才是最关键的。

说得更具体一点就是，如果你有本事，就应当把孩子的兴趣吸引到这本书上来。比如，你可以先讲一段小故事，正当讲到引人入胜处戛然而止，告诉孩子"欲知下文如何"，请你翻开本书！这样，孩子的阅读兴趣就可能被调动起来了。

那么，能不能把学习和游戏结合起来，发明一种"在游戏中学习"、"在学习中游戏"方式呢？完全可以，而且应当，但实践中很难找到这种方式方法和教材。这就怨不得孩子了，只能怪成人明知应当做而没有去做，是一种失职。

还记得孩子很小的时候吗？当他喜欢某种食品、非常讨厌另一种食品时，我们做父母的总会把这两种食品糅在一起做成糕团，或者炒成同一盘菜，让孩子吃下去。慢慢地，孩子就不讨厌这种食品，或者说已经习惯于接受了。

而现在对于厌学、一看书就想睡觉、一看到游戏就浑身来劲的孩子，为什么就不能把这"两种食品"糅合起来让他开心地吃下去呢？这可是一个巨大无比的教育市场啊！

所以，父母在任何时候都不要对孩子失望，要记得自己的责任是发掘孩子的天赋。哪怕孩子的学习成绩再糟糕，全校倒数第一名，也不用着急。仔细看看孩子对什么最感兴趣，看到它会眼睛发亮、爱不释手？顺着这条线索找下去，就会蓦然发现孩子的天赋所在，并最终让孩子取得成功。

这就像看电视一样，在上百个数字频道中，喜欢新闻的会看新闻频道，喜欢音乐的会看音乐频道，喜欢体育的会看体育频道。这样，你只要看看孩子经常喜欢看哪些频道，就大概知道他的兴趣爱好是什么了。

现在的问题是，孩子们在学校里上课，不管你喜欢文艺、体育、画画，都只允许一个"频道"，那就是大家坐在一起按照同一个课程表上课，没有丝毫选择余地。

请想一想吧，如果你家里的电视机坏了，只能收看一个频道，并且强迫全家人坐在那里从头看到尾，又会怎样？

所以说，现在的孩子虽然个个聪明能干，但这种聪明能干并不一定全都表现在语言、数学逻辑上。也就是说，聪明能干的孩子学习成绩并不一定好。

所以，这时候的父母，最要紧的不是扼杀他们的学习积极性，而是要为孩子指明一条正确道路。

如果父母也沦为教育制度的"帮凶"，看到孩子学习成绩不尽如人意，就认为这个孩子"无可救药"了，从而让孩子自己也认为将来一事无成，你将会扼杀你孩子的天赋！

家长发现自己的孩子找到一种特别感兴趣的学科后，父母要做的就是鼓励、鼓励、再鼓励。不管你自己是否愿意认可，也无论这门学科是不是学校里的考试科目，只要不违法，就要支持你的孩子发展下去。

要知道，只有这样才能激发孩子的积极性，如此孩子才能自立于社会！

## 你的孩子很聪明

俗话说："孩子是自己的好。"公平客观地来说，每个孩子都很聪明，只是表现方式不同、兴趣的表现方面不同而已。

聪明一般表现在学习上，但仅仅只有这一个方面不能作为衡量的标准。因为一个人的能力类型多种多样，大致说来，对于在学校里读书的孩子来说，基本上可以从以下七个方面来加以考察：语言表达能力、数学逻辑能力、音乐能力、空间关系能力、身体运动能力、人际交往能力、自我反省能力。

孩子的学习成绩好，一般能够说明他的语言表达能力（语文）、数学逻辑能力（数学）较好，而后面五种能力就无法得到确切反映，可谓以偏概全。

所以常常能看到，在学校里读书成绩最好的学生，踏上社会后的成就往往不是最高的，以至于出现了一种"第10名现象"。而当孩子踏上社会后，则需要从以下八个方面来全方位考察他的各种能力：思考能力、创新能力、自由选择生活能力、破解生活难题能力、沟通合作能力、推理和预见能力、获取幸福的道德能力、人际交往能力。

容易看出，这些都和学习成绩没有必然联系。这也是为什么孩子踏上社会后，会感到过去在学校里学的东西"学非所用"，同时也是过去为什么有些人一天学没上过照样可以在社会上立足的原因。

下面这个例子或许能说明一点问题。

在一所普通的农村高中，当时班上有位王君同学成绩很差，父母认为他不是读书的料，所以就随他去；王君自己也这样认为，所以恳求老师饶了他，不要逼着他上课、做作业。老师也认为，王君不来班级里捣乱，大家都感到清静，这就是他能够对全班所作的最大"贡献"。

那时候没有电脑，更没有网吧，王君一有时间就去稻田里捉黄鳝。这可是他的强项，每天能捉好几斤，家里吃不完就上街卖，几年下来小有积蓄。

王君后来就用这笔积蓄做本钱，给乡镇企业跑销售。没有工资底薪，完全靠拿提成获得收益。这种模式任何厂长都欢迎。

虽然王君读书不行，可是这方面却很在行，多劳多得，每年的收入比厂长要高得多。过了几年，乡镇企业改制了，这时的王君有了经济实力，他把整个工厂买了下来，当上名副其实的老板。

当时班上有一位高才生张君，学习成绩非常好，每天手不释卷，不但是学校和老师的骄傲，也是方圆十来里父母教育孩子的活教材。

张君后来考上南京一所重点大学，毕业后分配到军工企业当工程师。应该说，张君的人生道路很顺利。可谁知天有不测风云，自从他进了这个工厂后，企业就像黄鼠狼过年"一年不如一年"。先是"军改民"，后来是做一阵子停一阵子，再后来是工厂对外拍卖，每个人都要自谋职业。这样，这位昔日的高才生一时就落了难。

接下来正如你想到的那样。在一个偶然的机会里，王君得知这个信息后，热情邀请张君加盟他那家挂名的"外资企业"，承诺待遇不低于原单位，职务是"一人之下、万人之上"的总工程师，可谓给足了老同学面子，直到现在。

这是一个真实而富有戏剧性的结果。

现在又10多年过去了，当年的王君成了市里闻名的企业家，手上拥有三家企业；而这位张君则成为一位打工者。

不要抱怨世道不公，存在的就是合理的。显而易见，这样的结果是当初所有老师、父母包括两位当事人自己也没有想到过的。但事实就是这样，财商比成绩更重要。

我们接下来谈一下财商的问题：任何人都不要用学习成绩或智商高低来评价孩子聪明与否；更不要把它和财商混为一谈。

这到底为什么，任何考试考的都是"已知"的东西，老师决不会拿他自己也不懂的东西来考学生。

可是在投资、理财上这些却不能成为判断的标准，投资、理财面对的永远是"未知"的东西，谁也不知道下一步会出现怎样的结果。

这就是两者为什么不同的原因。不用说，能够解决"未知"问题的人，这样的才能算得上杰出的人。

# 注意孩子的理财方式

从哪些方面来观察孩子如何理财，主要是考察孩子是否在财商上有天分，有哪些天赋。只有做到这一步，才能接下来为孩子未来的发展制定长远的计划。

所谓天赋，也叫智慧，通俗地说就是"辨别细微差异的能力"。

举个例子来说，改病句就是如此。凡是病句都是似是而非、模棱两可、大多数人容易犯错的地方。既然这样，要找到错误的地方并加以改正，就不是一件轻而易举的事。

而在这方面有天赋的孩子，就能一眼看出或略加思考后就看出这句话和正确句子之间的细微差别（毛病所在），从而把它改正过来。这方面天赋不够的孩子，则可以通过后天学习掌握这种本领，我们称之为聪明。

推而广之，我们说有些孩子在学习方面很有天赋，有些孩子在体育方面很有天赋，就是说他善于辨别学术方面或运动方面的细小差别。当别的孩子还没有意识到这种差异时，他已经意识到了，所以他能抓住事物的本质，正确区分这个题目或活动的内在要求，把它做得很好。

具体到财商方面上来。有些孩子对"钱"天生敏感，对数字运算熟练自如，并且"斤斤计较"；每当遇到与"钱"有关的话题时，总会想方设法进行调度，从多方面来考虑问题。

而有的孩子则相反，一遇到钱的问题就怎么也算不清，转一个身就忘了刚才的账目，并且总是表现出一副大大咧咧的样子，这种人就可能是对钱没有什么概念。

自己的孩子属于什么类型，父母其实很清楚。尽早发现孩子在这方面有没有天赋，并且有针对性地培养孩子在这方面的能力，是每个父母的职责。

尤其是在现代社会中，基本上是独生子女，所以，可以说财商对每个孩子来说都很重要。而不像过去，每家每户有好几个孩子，孩子之间因为天赋的差异，将来所从事的工作也可以多种多样。而现在做不到这一点了，所以对孩子的全面培养和发展也提出了更高要求。

说得更简单一点就是，现在你只有一个孩子，如果孩子的财商很高，父母当然应当为此感到高兴，并加以引导、培养；如果孩子的财商并不高（这种情形并不少见），父母的职责之一就是要根据"缺啥补啥"的原则，适当开展"家庭"教育。毕竟，财商关系到孩子将来一辈子的幸福。

畅销书作家马克·汉森回忆说，有一次他在某教会介绍儿童银行的功能后，一位名叫汤米（Tommy Tighe）的孩子走上来与他握手，自我介绍说："我今年6岁，想从儿童银行借钱。"

马克·汉森问："小朋友，你想用这笔钱派什么用场呢？"并且友善地提醒他说："到现在为止，所有贷款的孩子可都是还清了他们的借款噢！"

汤米老练地说，他从4岁开始就认为自己能促进世界和平，所以想把这笔贷款用来制作一批贴纸，贴在汽车背后，上面印着"请为我们的孩子维护和平"，然后是签名"汤米"。

马克·汉森微笑着答应了，同意发放给他454美元的免息贷款，这是印刷1 000张贴纸的费用。

这时候轮到站在一旁的汤米父亲着急了，他轻轻地问马克·汉森，如果孩子将来还不清这笔贷款，是不是会没收他的脚踏车？马克·汉森说，他不会这样做的，因为他相信每个孩子都是诚实的，如果投资失败了也必定会有其他原因。

就这样，马克·汉森送给汤米一套录音带，要求他仔细收听、学习。回家后汤米把所有录音带都听了21遍，最终牢牢记住了其中这样一句话："向顶尖人物推销。"

于是，汤米说服父亲，首先去美国前总统里根的家里去推销。滴水不漏的理由，使得里根总统本人及其管家都买了一张贴纸，每张1.5美元。

后来，汤米又寄了一张贴纸给苏联总统戈尔巴乔夫，信中同样附了一张1.5美元的账单。很快，他就收到了这1.5美元"货款"，额外的还有戈尔巴乔夫的亲笔签名照。汤米很快就售出了2500多张贴纸，轻松地还清了向马克·汉森儿童免息贷款银行所贷的454美元。

如果你的孩子从小就具备了这种商业的思维，将来必定在这上面有所成就。如果你的孩子也有这样的做法，可以说你的孩子已经开始为未来打下良好基础。

# 想要索取必须付出

"欲取先予"的本意是说，想要达到自己的目的，必须付出相应的努力，等待对方对你没有戒备，然后瞅准时机，最终你会收获丰厚的回报。

"欲取先予"是衡量一个人会不会办事的标准之一，也能说明他有没有足够的能量。这种能量主要体现在气量上。

每个人的气量有大有小，这既有先天因素，也有后天培养的因素。关于这一点，从小孩身上就能体现出来，表现为一种天赋。有的孩子小时候气量太小，什么东西都要据为己有；有些则相反，什么都不在乎，谁要谁拿去好了。

我们撇开孩子年龄太小时的那种不懂事，可以发现，这实际上也是每个人的一种性格，长大以后也有这种影子。

需要特别提醒的是，气量大的孩子一般来说财商也高。

气量的本意就是一种胸怀、气魄、肚量。俗话说："量大福大。"

气量大的人与人打交道时懂得施舍，欲取先予，所以更受人欢迎，在处世、办事方面更容易成功。从历史上看，能够成就一番大事业的人，一个个气量都很大。

俗话说，"宰相肚里能撑船"；反过来说，也只有肚里能撑船的人才能当宰相。推而广之，不要说当宰相了，就是你创办个企业、自己当老板，或者从事某种领导、管理岗位，如果气量太小，整天计较个人恩怨，听不得别人半点意见或牢骚，终会成为孤家寡人的。

所以，为了孩子将来的事业成功，父母非常有必要指导孩子锻炼心胸、注重涵养，把它作为财商培育的一部分。

如果孩子先天气量大，那当然最好；否则，父母就很有必要在日常生活中培养他的气量，并且最好是大气量。

培养的途径主要是树立远大目标。目标远大，就会站得高看得远，当然就不会把一些"小事"放在心里，做任何事情更善于从长远、宏观角度来考虑，不至于一叶障目。

这就像刚学骑自行车一样。刚学自行车的人，眼睛只敢盯着自己脚下，不敢抬头看远方，结果反而容易翻倒在地。可是只要当他昂起头来看着远方，就会发现自己不再像过去那样考虑太多，用力去蹬就行了。

从历史上看，气量和财商结合得最好的是孟尝君。孟尝君（？－前279）是我国战国时期人，原名田文，他的父亲田婴曾经担任过齐国宰相11年。

据说田婴一共有40多个儿子，田文是小老婆生的。田文生下后，封建迷信的田婴对老婆说，这个孩子出生在5月份，不吉利，所以想把田文弄死。可是，田文的母亲还是偷偷把他养活了。

等到田文长大后，母亲通过田文的兄弟带他去见田婴。

田婴在惊讶之余感到很气愤。还没等母亲开口，田文就磕头大拜并对父亲说："你这样迷信，究竟有什么道理？"田婴说："5月份出生的孩子身高会长得像门槛一样高，是父母的克星。"田文说："那么，人的命运是老天决定的还是门槛决定的？如果是老天决定的，你完全不用担心；如果是门槛决定的，那你把门槛抬高不就行了吗？"

父亲被说得哑口无言。就这样，田文为自己争取到了生存权。有一次他对父亲说，你当宰相已经经历三代君王了，可是齐国的疆域并没有扩大，你的家里却是万两黄金。你的那些大小老婆整天锦衣玉食，可是你的门下却吃不饱、穿不暖，我是看不惯这些的。

从此以后，田婴对田文刮目相看，并且听从大臣们的意见，立下遗嘱，立田文为继承人。田文继位后，被称为孟尝君。

孟尝君散尽家财，招揽各诸侯国的宾客及逃亡将领，号称"食客三千"。来者不分贵贱，完全享受和田文同等的待遇。

后来，孟尝君先后担任秦国宰相和齐国宰相。

大量的历史事实研究证实，孟尝君能够养活"食客三千"，是他把家里的"资产"放贷出去，从贷款中获取大量高额利息来实现的。这种行为就是现代商业行为。

# 你需要积累财会常识

不一样的年龄有不一样的目标。可是将来孩子步入职场，无论从事什么工作都要掌握一点基本的财务会计知识。这不管是在家庭经营还是事业发展中，都是我们必须要用到的知识。

孩子在学校里读书时，追求的是学习成绩，具体表现为考试分数的高低。考试分数高，就是衡量他"成功"的主要标志。

当我们听到某个孩子考试成绩总是全班前三名、全校前五名时，觉得不需要了解他的其他方面，就可以断定他"很聪明"。

可是，当这个孩子离开学校踏上社会后，用来评价他"成功"与否的标志就不再是学习成绩，而是其他方面了。偶尔谈谈学习成绩，只是对过往"辉煌"的一种追忆。

这里所说的"其他方面"，现时代中国人通常把它概括为"五子登科"——妻子、儿子、房子、票子、车子——它们之间的关系十分密切，除了"票子"本身就是钱以外，其他的哪一项都和钱有关。不用说，钱是其中的核心因素。

而谈到钱，就不得不提到一个整天与钱打交道的职业，那就是"会计"。

很多人虽然都不是从事会计工作的，但是每家每户都需要懂得一点会计方面的知识。经常可以看到，夫妻双方尽管可能收入也不低，但在财务方面仍然可能会一团糟。究其原因，是财务和会计方面的知识了解得少。

而从财商教育方面看，懂得一点财务会计知识对孩子的一生都重要。孩子将来无论从事什么工作，都不可能与钱绝缘。学会怎样控制、管理、核算金钱，对谁都有必要。

遗憾的是，全社会对此并没有引起应有的重视，许多人甚至一辈子对此都是不甚了了。

无论是你自己创业，还是买房需要贷款，或者投资股票、基金、债券，甚或在银行代扣代缴各种费用，都离不开财务会计知识。尤其是银行在给你发放贷款时，考虑的绝不会是你过去的学习成绩好坏，而是财务状况，即你的贷款偿还能力和信用。

就好比说，你在无形中有一张个人专属的"资产负债表"，这张表相当于你在学校里读书时的"学习成绩单"。

在学校里并不是学习成绩好就一好百好的；踏上社会后同样如此，也不是资产负债表好就一好百好的。

因为除了个人财富外，还有许许多多很重要的指标，如美满的婚姻生活、温馨的家庭氛围、良好的健康状况、和睦的邻里关系等，但个人资产负债表无疑是其中最重要的一项。

但个人"资产负债表"也有不如"学习成绩单"的地方。例如，孩子在学校读书时，每个学期都能拿到一张学习成绩单，它就像一张"个人健康状况检查表"一样，可以作为父母和孩子、老师的一面镜子，看看过去哪些方面做得好、今后哪些地方需要改进和弥补。

可是踏上社会后，虽然每个人的财务状况各不相同，每个人也都有"资产负债表"，但这是无形的。如果你自己不加以总结、反思，就很难达到这样的效果。

这就是为什么许多人一辈子日子都过得紧紧巴巴、财务状况不断出现问题的主要原因。如果有人每年都给他编制、呈送一份属于他个人的"资产负债表"，情况就不至于会如此糟糕。

不用说，这份工作只能由自己来做。但这需要具备两大条件：一是要有这样的财商意识，觉得做这项工作不但有意义，而且非常有必要；二是懂得基本的财会知识，不但能够"编制"这份报表，而且善于从中发现问题、找到解决问题的办法。

细心观察一下你就会发现，大多数人平时根本不去注意自己的理财现状，直到有一天失业了、失意了，或者发生了意外事故，以及遇到了迫不得已不得不去办某件事情时，才会发现自己的财务状况一团糟糕。

懂得一点基本的财务基础知识，定期给自己"编制"一张资产负债表的最大好处，就是不但会对自身的财务状况更有信心，而且知道以后的努力方向；尤其是当你的财务出现问题时，你能尽快扭转这种状况。

# 激发理财欲

随着青少年的成长，我们需要处理的事情也越来越多。在中国父母眼里，孩子不该操心家里的钱，只要把书读好就行了。有的家庭每当孩子参加重要比赛、考试时，就像筹备国家重大活动似的，不但整个小家庭，就连爷爷奶奶、外公外婆、叔叔、阿姨家都要把这个孩子宠上了天。

最典型的是中考、高考时。

我儿子的一个同学就是这样。孩子参加高考时，母亲请假在家专门准备最好吃的饭菜服侍孩子，顿顿不重样，并且只能让他一个人吃，其他人不上桌；父亲请假在家三天全程陪同，职务是秘书兼保镖；每天从家里到考场的接送车是借舅舅的，所以舅舅也要请假三天，算是专职驾驶员。

拥有这般无微不至的呵护，再加上财商教育在整个中小学阶段一片空白，以至于孩子对钱全然没有概念，根本不知道父母工作如何辛苦，只知道要用钱就向父母伸手，而且总是有求必应。

所以很常见的是，孩子根本不知道家里的真实经济状况；对于有些知道家中状况的孩子，父母也一再告诫他们不要对外人讲，认为这是家里的隐私，不可外传。

家庭经济状况确实是一种隐私，但也不必看得过重，更不要把它当做最高机密来对待。否则，反而容易导致孩子在钱的问题上成为一种偏执狂，对任何人都缺乏信任，不利于将来踏上社会后与人相处、与人合作。

研究表明，凡是父母一再告诫孩子不要在其他人面前谈论家庭财产的，长大后通常不善于投资理财。当他们面对自己的理财顾问时，也会遮遮掩掩欲言又止，以至于让人觉得很难合作、很难说话。

正确的方法是：既要强调家庭经济收入、财产问题是一种隐私，又要让孩子对家庭真实经济状况有一定的了解。

具体地说就是，在对孩子谈起这个问题时，可以这样告诉孩子："有些事情，包括我们家里有多少钱，最好不要随意告诉别人。"对于有理解能力的孩子来说，这时候他就懂得应该怎么去和人交流了，不至于造成上面所说的偏执，并且还会对培养他的投资、理财兴趣打下良好基础。

在点拨孩子理财兴趣方面，千万不要忽略了爷爷奶奶、外公外婆的作用。尤其是许多孩子从小是跟着爷爷奶奶、外公外婆长大的，和他们特别亲，这时候受他们的影响也特别大。

不用说，现在的人寿命越来越长，爷爷奶奶、外公外婆的辈分在那里，其实年龄并不算大；更何况，一些家庭中爷爷奶奶、外公外婆是家里真正的"权威"，他们的退休工资甚至比父母拼命加班还要多，所以他们在孩子面前的说话分量就更加显而易见了。

巧妙地发挥这种作用，有时候能够对孩子的财商教育起到四两拨千斤的功效。

美国有一次针对五年级至七年级学生所举行的作文比赛题目是："记一个在理财和投资方面对你影响最大的人。"最后的 9 位获奖者中，有 5 位写的是爷爷奶奶，就能说明问题。

研究表明，这些爷爷奶奶很注重对孙辈的财商教育。例如，他们会送给孙辈一两股股票，尤其是孙辈们喜欢的迪斯尼公司或麦当劳公司这种股票，对启发孙辈的投资理财观念很有帮助，并且这种观念会贯穿于孙辈的整个青少年时代。

在给孙辈贵重礼品或电脑、游戏机这种有争议的物品时，这些爷爷奶奶、外公外婆会先征求一下儿女即孩子父母的意见，并尊重他们，这样就不至于在大人之间产生矛盾；更高明的爷爷奶奶们还会明确告诉孙辈，他们想送给孙辈某种贵重礼物，但其中一部分钱需要孙辈依靠自己做家务、学习等方式赚取，不会"全额拨款"。这样，也就间接调动了孩子的积极性，锻炼效果更好。

同时我们也看到，也有许多爷爷奶奶、外公外婆过于溺爱家中的孩子，或明或暗地给孙辈买电子游戏、玩具枪等，这是伤害孩子的财商教育，这种做法完全不利于孩子的未来发展。

# 发挥家庭教育的角色

面对儿女的教育问题，家庭成员应该明确各自的职责，并且这种分工要科学合理。

尤其是在当今的"四二一"家庭结构中，全家人共同面对同一个对象，很可能会因为分工不明确或角色错误，互相产生内耗，直至让孩子无所适从。

通常地说，在面对孩子教育的问题上越来越多地出现这样一种有趣现象：父辈和祖辈、父系和母系之间扮演着截然相反的角色，一个唱"红脸"，一个唱"白脸"。

例如，在父辈和祖辈之间，通常是父母和爷爷奶奶、外公外婆持截然相反的态度；而在同一辈，如父亲和母亲、爷爷和奶奶、外公和外婆中，又是一个要孩子"这样"，一个要孩子"那样"。

这种"一严一慈"、"一软一硬"，既可能是事先分工，也可能是在潜意识中自然形成的。

并且有意思的是，与过去长期以来的"严父慈母"相比，现在"严母慈父"则成为一种更普遍现象。

而具体涉及财商教育来说，这种分工就存在着较大问题。正确的做法是：家庭成员中首先应该互相通气，明确统一对孩子采取什么样的态度；其次在扮演具体角色时，当然可以有所分工，但每个人所使的劲应该保持方向一致。

在我国，父亲往往是一家之主，承担着养家糊口、保护家人的重任，并且参与社会实践较多，甚至走南闯北、见多识广；而母亲工作之余主要是在家里操持家务、抚养子女，扮演维持家庭正常运作的角色。

　　这种长期以来形成的社会地位和不同分工，使得在财商教育中，父亲往往担负着更重要的责任，即父亲利用自己一家之主的地位和经验，帮助孩子与外面的世界打交道，让孩子学会承担更多的责任和义务，学习怎样投资、理财，养活家人；而母亲则主要是照顾孩子的饮食起居和日常生活，让孩子学会怎样去关心、体贴他人。

　　所以容易看到，父亲的财商高，子女的财商也往往高。这不但是遗传基因在起作用，更在于孩子生活在这样一位财商高的人旁边，耳濡目染就懂得了怎样投资、理财，更不用说父亲和母亲的有意栽培了。相反，如果父亲窝窝囊囊，工作压力大，情绪低落，回家后只会发脾气，抱怨自己"这辈子没希望了，全靠孩子了"，等等，男孩长大后在遇到类似的压力时，就会也以这种相同的方式表现出来；女孩长大后则会更多地沿袭母亲过去的那种心态，惊恐、抑郁。

　　所以在一般情况下，父辈和祖辈两代人的分工中，应当确立以父母唱主角、祖辈当助手；只有父辈和祖辈两代人财商悬殊，才能确立由谁在这方面对孩子施加主要影响。

　　千万别小看这一点，孩子的财商高低在很大程度上就取决于你们的这种分工，以及由此造成的潜移默化的影响。

　　举个例子来说。在很久以前，泰国有一个名叫奈哈松的人，一心一意想一夜暴富。本来嘛，有这种想法也正常，但现在的问题是，他考虑问题的路径有问题，那就是总觉得成功的捷径只有一条，就是要学会炼金术，并且他把全部的时间、资金、精力全部投入在这方面。有点走火入魔了。

　　没过多久，他就花光了全部积蓄，把家里搞得一贫如洗，每天的一日三餐也难以为继。妻子苦不堪言，无奈之下只好跑到娘家去诉苦。

　　岳父母非常理解女儿的难处，于是三个人在进行一番商量后作出明确分工，决心要帮助奈哈松迷途知返。

　　妻子回家后说："你这样整天忙忙碌碌，也没想到和我回娘家一趟去看看，说不定我娘家人会有什么办法帮到你呢?"奈哈松一听满心欢喜，便带着妻子回娘家探亲了。

来到岳父母家后，奈哈松一提起此事，岳父一拍大腿说："哎哟，你这是一件好事啊，可为什么不早说呢？我们早就掌握了炼金术，只是还缺少一样炼金的药引子。如果你能弄到它，我们完全可以合作呀。"

奈哈松一听喜出望外，想，世界上居然还有这么巧的事，原来岳父母已经走在了自己的前面？于是他连忙说："一家人不说两家话，快告诉我，你要的究竟是什么药引子？"

岳父说："既然这样，你又是我的女婿，我们不帮你帮谁呢？告诉你也无妨，但你千万不能对其他人泄露天机啊。其实很简单，就是要凑齐3公斤重的白色绒毛，这种白色绒毛是从香蕉叶上摘下来的；并且这些香蕉必须是你自己亲自种的，否则就会不灵。等到你收齐这些绒毛后，我们再一起讨论炼金的事吧。"

奈哈松回家后，立刻把已经荒废多年的田地全部种上了香蕉；为了尽快凑齐这些绒毛，还带领妻子到处开垦荒地。

每当香蕉成熟后，他都会小心翼翼地从每片香蕉叶上收集绒毛；而他的妻子则负责把"剩下了"的一串串香蕉送到市场上去卖。

容易看出，在奈哈松看来，采集白色绒毛是最主要的工作，一串串香蕉则是其副产品，因为不忍心浪费才拿到市场上去卖的。可是在妻子眼里呢，则恰恰相反，一串串的香蕉能挣到实实在在的钱，而这些绒毛一文不值。

就这样，10年过去了，奈哈松终于凑齐了这3公斤香蕉绒毛，高高兴兴地去岳父母家讨要炼金术。

这时候岳父母高兴地带着他来到阁楼上，打开房门对他说，你自己去看吧，这就是炼金术。

奈哈松推开房门一看，啊，满屋都是黄金。原来，这些黄金正是10年来他带领妻子和子女种香蕉卖钱换来的。

奈哈松恍然大悟，从此以后就专心致志地种香蕉，终于富甲一方。

在这个故事中，主人公奈哈松虽然已经结婚了，并不能说是孩子了，但他依然是在家庭成员的财商教育分工帮助下走上了致富之路。

由此可见，父母对孩子的财商教育将会影响孩子的未来发展。

# 锻炼财商从小事做起

年龄不同，孩子思考问题的角度也不同，所关心的事物和考虑问题的方式也会体现出差别。

所以，父母应当根据孩子的年龄大小，用他们所能理解的方式灌输财商，这样不但利于消化，而且能收到实效。

记得我儿子大概五六岁时，有一天我吃完晚饭，邻居家邀我去打麻将。儿子第二天早上醒来关切地问："昨天你赢了多少钱？"我说："××元。"

儿子年纪尚小，对钱的数量没什么具体概念，无论多少钱，在他眼里都是个大数目。所以当我说出来后，他就理解为这是"很多"钱，接着就手舞足蹈地说："今天晚上你再去（打麻将，赢钱）。"

当天晚上又有人来邀约，于是我"遵照"儿子的嘱托赴约了。次日早上儿子兴冲冲地问我赢了多少钱，我说："输了××元。"儿子一听气呼呼地说："今天晚上再去（翻本）。"

小小年纪就知道输了要去"翻本"，这时候轮到我教育儿子了。我说，儿啊，打麻将是赌博行为，它本身是不会创造财富的，有赢就必定有输，所以决不能把它当成一项"工作"来做，否则就会如何如何。

经过这样一番促膝谈心，儿子终于从和我的谈话中明白了"小赌怡情、大赌伤身"的道理。

绝不要小看这种平时生活中的亲子交流，哪怕是再小的孩子，也会从中懂得点点滴滴的。所谓家庭教育，不过如此。轰轰烈烈地讲大道理，绝不是可取的办法。

当然，对于有些话题，父母可以有意设计一些情节让孩子参与其中，从而加深印象、收到更好的教育效果。这种潜移默化的影响有可能影响孩子一生。

台湾宏碁集团创始人施振荣，3岁时父亲就因病去世了，家庭条件十分困难。为了谋生，他跟着母亲卖过鸭蛋和文具、摆过槟榔摊。正是这种童年的艰苦生活，对他的财商起到了很好的锻炼作用。

他发现，每斤3元钱的鸭蛋利润率是10%，每卖掉1斤鸭蛋差不多能赚3角钱；卖文具的利润高，利润率可以达到40%，同样是3元钱的文具卖出后差不多能赚1.2元钱。更何况，鸭蛋，过了一段时间后卖不出去就会变成臭蛋，而文具则不存在这个问题。

如果简单地进行这种比较，卖文具的利润是鸭蛋的4倍，可是从另一个角度看，买鸭蛋的人多、货物周转率高，进一批货最多两天就卖完了，所以虽然利润率低，最终赚的钱仍然会大大超过卖文具所赚的钱；经营文具利润率高，可是往往一年半载也卖不出去。

不用说，这就是众所周知的"薄利多销"还有资金周转。

可是施振荣从实践中得来的这条经验，比其他孩子从书本上读到的字句印象要深刻得多。而这种深刻印象，就贯穿在他以后的事业中。

施振荣创立台湾宏碁集团后，马上联想到这种鸭蛋和文具销售对企业利润贡献的不同作用，所以自始至终采取薄利多销策略——产品售价始终比同行低。

这样一来，虽然整个经营利润率降低了，可是由于销售量扩大、市场占有率高、资金周转速度加快、经营成本不断降低，最终令同样规模的资金获得的总利润大大增加，从总体上提高了经济效益。

我们都能想到，在当初一起为生活而做小生意时，施振荣的母亲是怎么也想不到儿子后来会有如此大的成就，更想不到儿子会从鸭蛋和文具销售中想到这一招制胜法宝的。

通过他的事例仔细思考一下，如果你也能在平时的点点滴滴中，注意引导孩子观察这些细枝末节，并且和他一起总结其中有什么样的规律，这样的教育将潜移默化和深刻地影响你的孩子！

这种影响不仅仅表现在财商、智商方面，而是贯穿在未来生活的各个方面。

# 如何选择你的就业方向

孩子总有走上社会的一天，为此父母应当根据孩子的志向、兴趣、特长，认真与孩子探讨他未来的发展方向。

这件事在高中文理分科时就应该确定了。因为文理分科本身就涉及考大学、选专业，这两个方面与孩子将来的择业道路密切相关。

孩子在文理分科、选择职业时要考虑财商特点，而这是目前普遍缺乏的。

一般来说，财商（不是智商）高的孩子，更应该选择与金融、经济、财政、投资相关的专业和工作。因为他们比同龄人更具有"经济头脑"，更喜欢动手，所以如果是学习这方面的知识、从事这方面的工作，将来会感到更多乐趣，学得更轻松，学得也更好。将来踏上社会从事这方面的工作后，既容易把它作为一项职业，又容易从中得到无穷乐趣，还容易从中取得事业成功。

相反，财商不高的孩子，应该根据他的个性特点来选择其他适合的专业和职业，绝对不要因为听说金融行业的待遇高、经济学专业很吃香，就硬逼着孩子去学这些他不一定擅长的专业，那就有一点强人所难的味道了。

例如，有些孩子的文史哲好，阅读面很广，并且喜欢读书、爱好写作，这就说明他们善于读书而不一定善于做事。在选择大学和专业时，最好是远离上面所提到的金融、经济、财政、投资类别，选择其他更感兴趣的专业。

换句话说就是，从财商角度看，这些人将来不一定适合搞经济工作，因为他们在这方面没有天赋；他们更适合的是在学术界、科学界求发展，比如在大学里做老师、在研究院搞研究工作，他们就会感到如鱼得水，并且容易出成就。

我的同乡、学术泰斗钱钟书，一生淡泊名利，视钱财如粪土。他在一本《牛津大词典》上密密麻麻地写满了批注，牛津大学得知后，想以重金求购他这本用过的资料，不料他回答说："我姓了一辈子钱，还会迷信钱吗？"

有一次，同事找钱钟书借钱，他问："你要借多少？"对方说："1 000块。"钱钟书说："这样吧，不要提借，我给你500块，不要来还了。"

他如此这般对借钱人"对折送钱"的例子有好几次，所以他的妻子杨绛戏说他是"数学没学好，只学会被2除，幸好没人来借百万……"所以他"一辈子开不了钱庄"。

又有一次，美国普林斯顿大学开价16万美元邀请他去讲学半年，食宿全包＋可以偕夫人前往。并且只要求他一星期讲1次课，每次40分钟，半年只讲12次课。这样高的待遇，实在令人咋舌，如果换了他人实在是求之不得。

可是钱钟书却毫不留情地说："我看过你们毕业生写的论文，就那种水平，我讲课，他们听得懂吗？"不难看出，钱钟书的傲气傲骨也同样无出其右。

试想，一个对金钱如此没有"概念"的人，一个如此不懂"说话技巧"的人，如果你要他去学经济管理，然后大学毕业后从事企业管理工作，整天陪同某些人吃喝玩乐，在现代这样的社会中他会胜任吗？

所以，他搞学问是搞对了，真正实现了他在文章中所写的那样："做完整的人，过没有一丝一毫奴颜和媚骨的生活。"

从上容易看出，财商高低并不能决定一个人的未来，真正决定一个人未来的，是他是否能找到他在社会很好立足的基点。

换句话说就是，只有适合孩子性格、兴趣爱好的选择，才可能让他从中得到真正乐趣，也才更容易取得成功。

不过，话又说回来。历史的经验表明，学术智商很高、财商不高的人，通常都不能在物质上达到大富大贵的程度。所以，当老师说你的孩子很聪明或者不聪明时，你都不必大喜大悲，更重要的是看他的财商高低。因为这才意味着他将来踏上社会后，是不是会过得更好。

在学校的应试教育中，老师只能通过成绩来断定你的孩子在某一方面（智力）的表现，没有也不可能看到他把这种智力转化为能力的结果，而能力恰恰才是孩子以后更加需要的。

# 赚钱的同时也可以快乐

挣钱的方式各种各样，最重要的是，你能否找到你可以熟练把握的方法。这就是我们今天看到的有些人赚钱很容易，有些人则比登天还难；有些人能赚很多钱，腰包鼓鼓，有些人拼死拼活却身无分文。

不用说，作为父母，谁都希望自己的孩子是前者。而这就涉及如何锻炼孩子的财商问题了。

2010 年 10 月，著名演员徐静蕾出任麦当劳全新生活理念倡导者，号召都市白领们一起畅享零负担的快乐生活！

这可谓一语道破了天机：快乐其实很简单，其实只是零负担——不是"房奴"；不被父母逼着"相亲"；不用装"淑女"；不用为了家庭开销而拼命工作，甚至可以自己决定上班不上班……要做到这些有可能吗？答案是肯定的，其前提条件就是财务自由；附带就是，做自己感兴趣的事。

两者结合起来就是：赚钱和兴趣相结合——把兴趣发展成赚钱工

具，在赚钱的同时不断满足兴趣爱好。

如果达到了这种境界，就可以说是非常合乎理想的了。因为无论是谁，做自己感兴趣的事，再苦再累也心甘。

这是一个显而易见的道理，但要做到却不容易。现代社会中，有太多的人因为追求财富或迫于生计，不得不辛苦劳作，以至于严重损害健康，至死还不一定能明白这一点。

例如，以前有一位富商，财富多得不得了，可是年纪轻轻的他却患上了不治之症。回顾自己这一生实在活得太累，以至于把自己的健康也搭进去了，他是多么希望孩子们将来能够把赚钱和兴趣相结合，过一种零负担的快乐生活啊。于是，他决定通过立遗嘱的方式，让孩子们明白这个道理。

富商倚窗而坐，看到外面市民广场上有许多孩子在捉蜻蜓，于是对4个还没成年的孩子说，你们到那里去给我捉几只蜻蜓来吧，我已经好多年没有看到过蜻蜓了。

过了一会儿，老大就带着一只蜻蜓回来了。富商高兴地问，这么快你就捉到了一只啦？老大说，我是用你送给我的遥控赛车换来的。富商点了点头。

又过一会儿，老二回来了，他带来两只蜻蜓。富商关切地问，哦，你捉到了两只？老二说，我是把你送给我的遥控赛车租给一位小朋友，得到3分钱；然后用其中的2分钱租了两只蜻蜓，现在还多出1分钱，喏，现在我把它上缴给您。富商点了点头。

紧接着，老三回来了，他带来了10只蜻蜓。富商惊讶地问，你怎么捉到这么多？老三说，我呀是把你送给我的遥控赛车举过头顶，对小朋友们说，谁要是给我一只蜻蜓，我就把遥控赛车给他玩一会儿。结果，有10个小朋友投标，这样我就带着它们回来了。要不是怕你着急，我还可以得到更多。富商点了点头。

最后回来的是老四，他满头大汗，两手空空，身上全是泥土。富商心疼地问，哎呀呀，你怎么啦？老四说，我捉了半天，也没捉到一只，所以只好坐在地上玩遥控赛车。后来一看三个哥哥全都回来了，所以我也只好赶快回来。要不然，说不定我的遥控赛车还真的能撞到一只蜻蜓呢！富商笑得满眼泪花，紧紧地把老四搂在怀里。

富商死了。他在床头边留给孩子们的遗嘱上写着：我可爱的孩子们啊，其实我并不需要你们真的去捉蜻蜓，我想让你们体验捉蜻蜓的过程中的乐趣。

在这个故事中，这位富商实际上是在用一种特殊的方式，最后一次给孩子上财商教育课，他想要让孩子明白这样的一个道理，赚钱固然重要，可如果在这个过程中贯注了你的兴趣，这样你的财富积累过程才会丰富多彩。

# 目标的突破

不同的人天赋有不同程度的差异，但在赚钱的目标上却是一致的；凡是想赚钱的人，几乎都没有钱。设定突破性目标，并把它一步步变为现实，非常重要。大目标的实现要靠小目标的积累。

就像你在石榴树下看到树上有一颗硕大无比的石榴，如果你想把它摘到手，就必须跳一跳；如果你不想跳，就得不到它。因为在你伸手可及的范围内，别人已经早你一步摘了。该怎么办呢？设立突破性目标。

设定突破性目标，需要遵循循序渐进的原则，把长远目标和短期目标结合起来，一步一步向上攀登，不至于缺口太大而跨不上去；实现突破性目标，需要有坚强的毅力及财力，当然还需要足够的财商，这就与孩子的综合素质有关了。

一句话，需要父母根据孩子的天赋，来帮助他制定计划、实现计划。

藤田田（1926－2004）1965 年大学毕业后在一家电器公司打工，他从小就有很高的财商，懂得"资产"和"负债"的区别，一心一意要创办自己的事业。

　　1971 年，他发现全球闻名的连锁速食公司麦当劳在日本扩张、招商，于是觉得自己的机会到了。

　　藤田田当时的积蓄不到 5 万美元，可是麦当劳的加盟条件是要有 75 万美元现金，以及一家中等规模以上银行提供的信用支持。不用说，两者的差距显而易见。

　　藤田田只得东挪西借，不过 5 个月下来也只筹到 4 万美元，加起来 9 万美元，差距依然非常大。

　　但他认定，在日本开办麦当劳连锁店就是他事业发展的突破性目标，他根据自己过去的努力，认定自己具备这样的自信。

　　一天，藤田田走进住友银行总裁办公室，表明自己的创业计划和求助心愿。总裁一听他说只有这么一点钱，又没有人出面担保，所以只好婉言谢绝地说，你先回去吧，让我考虑考虑看。

　　藤田田一听就知道没戏了，但他依然不死心，对总裁说，您能否听我说说我这 5 万美元是怎么积累起来的？

　　得到总裁的同意后，他介绍说，在他大学毕业的那天，就计划要在 10 年内存足 10 万美元，然后开创一番事业。现在已经 6 年过去了，在这期间无论遇到什么困难，他都雷打不动地坚持每个月拿出 1/3 的工资奖金存入银行；有时候实在钱不够用了，甚至会厚着脸皮去向别人借，就是为了保证不影响这个存款计划。而现在他觉得自己的创业机会就在眼前，所以实在不愿意放弃。

　　总裁听了他的叙述后，不露声色地说，这样吧，下午我给你答复。

　　藤田田离开后，总裁马上去藤田田所说的那家银行打听有没有这回事。银行柜员确认藤田田一点没夸张，并且认为藤田田是她见到过的最有毅力、最有礼貌的年轻人。这时候总裁立刻拨通了藤田田的电话，告诉他说，无条件地支持他。

藤田田真诚地感谢总裁，而这时候总裁说了一番今天同样值得我们深思的话。他对藤田田说：我今年已经58岁了，再过2年就要退休了。从年收入看，我是你的30倍，可是说实话，到现在为止我的存款还没有你多，仅凭这一点我就自愧不如。年轻人，好好干，你前途无量。

藤田田果然成就了自己的一番事业。在他2004年去世时，他的个人资产已经超过40亿美元。但这一切，都与他当初在5万美元基础上的突破性目标有关。假如他没有坚持每月的积累，能否成就以后的事业还是个未知数。

# 孩子逃避工作怎么办

现在许多孩子出现了一个令人忧虑的现象，他们从小就缺乏自主独立，父母只要求"读书、读书、读书"，等到大学毕业才发现，原来自己真的"只会"读书、"不会"工作（或者找不到工作）。经过几次实践忽然发现，原来不工作在家里照样可以衣食无忧，反正父母有钱负担自己的生活费用，就还过像在学校一样的日子。

从表面上看，孩子比较懒（回过头来想想，谁又不懒呢？如果不上班照样能拿工资，而且一分不少，又有多少人愿意上班呢）；可实际上，这是他们对成年人的责任还准备得不够的缘故。其中很重要的一条原因是缺乏财商，不知道或没有能力去赚钱、投资理财。当然，即使这方面有准备的孩子也会碰到各种各样的经济问题，需要父母的帮助和指导。

研究表明，现在的孩子与上一代人相比，由于从小受到过度保护，所以担当成人的责任时间要比上一代晚10年。

也就是说，这些孩子小时候无忧无虑，甚至没有受过什么挫折，没有感到过失望，所以在面对真正的现实社会时，往往会不知所措。而这无疑就和父母没有从小对他们进行财商教育有关。以至于有些孩子因为无所事事，整天酗酒、玩乐，连喝酒、吸烟这点钱也都向父母要，让父母感到苦不堪言。

所以，如果你的孩子已经大学毕业了，或者辍学在家，可是却不肯出去工作或找不到工作，整天在家里睡懒觉、玩游戏，甚至连家务也不肯做，这时候你就要下定决心把他"赶"出家门，而不是继续到处托关系帮他找工作。

要知道，他压根儿就不想工作或找不到工作，不一定是他的错，当然更不是你的错，而是某些社会潮流促成的。赶快让孩子"断奶"，从心理上、经济上解放孩子是唯一选择。

我有一位邻居，父母都是普通工人，收人不高，日子过得很普通。家有一个宝贝儿子，读书不聪明，特别喜欢玩电脑，怎么说也没用。后来，家里干脆把网络断了，可是这并难不倒他，他照样可以夜里偷偷出去上网吧玩游戏。后来他考上了一所职业技术学院（大专），学计算机。父母至此已经心灰意冷，一切随他去。

儿子从学校毕业后到处找工作，可是现在的人太势利，好一点的单位连门口招个保安都要求本科学历。无奈之下，他后来进了一家快递公司从事夜班装货，拿最低工资。因为觉得没劲，没做满一个月就不干了，整天在家里玩游戏。

家庭条件虽然不太宽裕，但吃饱喝足没问题。父母颇感头疼，但敢怒不敢言。现在的儿子长得人高马大，不是过去的小屁孩了：讲道理，父母说不过孩子；论力气，父母打不动孩子，只好任其这样浑浑噩噩过下去。即使这样，父母还爱面子，每当有邻居问起，就对外称儿子是在"上夜班"。

有一次，儿子的叔叔来访，得知这一切后感到非常震怒。这个叔叔是狠角色，严厉又霸道，儿子从小就惧他。

叔叔立刻召集这一家三口开会。说是"开会"，实际上是他独自宣布几条纪律:一是从下个星期开始,儿子就必须离家单独生活,每个月允许回来一趟,但不得过夜;二是父母在最初3年内给儿子提供定额补贴,第一年1.5万元,第二年1万元,第三年5 000元,按月像发工资一样打在他的信用卡上,3年后分文没有,除非买房和结婚。

父母对此倒没什么意见,因为他们对儿子的现状非常不满,早就想让他改变现状了;可是儿子坚决反对,甚至歇斯底里地咆哮起来,说,你们怎么可以这样对我啊,我可是你们的亲生儿子啊?

但常言说得好,"胳膊扭不过大腿"。儿子看自己再有意见也没用,叔叔的意见在这家里代表着"法律",父亲实在太老实、"窝囊"了,所以只好就范。

3年过去了,孩子每月回家一趟;随之而来的是,父母可以说是一个月一个月地看着孩子在不断"长大":先是学会了生活自理,自己洗衣、煮饭;然后是完全实现了经济独立,在一家外资内衣店当上了店长,可以"分管"4位售货员;最后是责任心大大增强,与父母的关系也很融洽,并且还在业余时间参加了"专升本"学习。

回顾过去,他非常感谢叔叔及父母当初的"狠心",让他走上了自强自立之路。3年中他已经有了5万多元积蓄,并且正和店里一位漂亮的售货员打得火热,确立了恋爱关系。

不管你的孩子多么顽劣,多么不可理喻,只要有独立理财生活的能力,就能够生活得有质量,能够成就属于自己的事业。

# 换个角度看问题

每个孩子都有值得我们肯定的地方,哪怕是再顽劣的孩子,也有他独特的闪光点。父母应该发现孩子的这些优点,并且通过这个树立孩子的自信心,你的孩子终究会有出人头地的一天。

例如，孩子在学校读书时，无论父母还是老师、亲朋，最关心的是孩子的学习成绩如何。在人们眼里，学习成绩（说穿了就是考试分数）被当做头等大事，有时候哪怕相差一分、做错一道题目，在学校就要受到老师讥笑、立墙角，回家后又要受到父母严厉处罚，好像孩子犯了什么罪似的。

可是当离开学校多年后回过头来看，这些都不过是微不足道的小插曲而已，不但没有给孩子造成任何损失，而且还可能会坏事变成好事，让他从此吸取教训、下不为例。

2010年暑假，在外地工作的黄君回老家与几位小学同学相聚，很快他就发现这样一个现象：小时候学习成绩差的同学大多数当上了老板，生活过得有滋有味；那些学习成绩好的同学多数是一步一个脚印，生活过得平稳而单调乏味，解决温饱不成问题，要想有多么富裕就很难说了。

他举例说，谢君自己开了个工厂，资产好几百万；王君当上了包工头，县城里买了好几套房；另一位王君当初依靠贷款买车跑运输起家，发展到现在，他的运输公司已经拥有60多辆汽车；杨君从卖盒饭起家，现在在县城里拥有两家大酒店。无论从哪个角度看，这样的"成功"人士直让当初那些成绩好的同学嫉妒不已。

"好同学"们说，想当初这些人考试总是不及格，作业还不都是抄我们的？有的连初中都没读完。不但学习成绩差，而且调皮捣蛋，老师和同学都很头疼。可是学习成绩好、乖巧听话的我们呢，少数几个考上了大学、"混"了个单位，但基本是拿死工资，也买不起房；其他多数人在家里老老实实种田，农闲时出外打工赚几个辛苦钱供孩子读书，生活过得很清苦。两者相比，可以说是一个天上一个地下。

或许这就叫"三十年河东，三十年河西"？但不用说，这种变化并不是杂乱无章的，归根到底是财商在起作用。

总体来看，这些学习成绩差、调皮捣蛋的孩子，从小就被老师和父母批评，练就了一副厚脸皮；经常要受老师罚站、受父母皮肉之苦，锻炼出了吃苦耐劳的精神；因为学习成绩差，所以作业做不出来、考试考不及格，经常受挫折，所以最终的抗挫能力也强；喜欢搞恶作剧、上课时间翻墙出去打游戏，冒险精神就练出来了；从小被老师、父母看做是"另类"，反而使得他们患难与共、更讲义气。

回过头来看，所有这些不都是创造财富过程中必不可少并且十分可贵的气质吗？这些气质在学校里派不上什么用场，经常受排挤，可是走上社会后却又变成了各种优点。

所以说，父母在对孩子进行财商教育时，一定要有长远眼光，眼睛不能只盯着考试分数，更不能因分数低把孩子看扁了。说实话，很多时候考试分数高反而是"坏事"，因为这意味着这样的孩子善于死记硬背，不够机灵，缺乏创新意识。

俗话说："金无足赤，人无完人。"父母只要能根据孩子的特点扬长避短，每个孩子都是有用之才，还说不定将来谁不如谁呢！而作为孩子自己呢，也要有这样的自信，不因某方面不如别人就灰心丧气，甚至失去生活下去的勇气。

1997年，王雨菲从一家商业中专毕业后，进入外资保险公司当推销员。她深知自己的学历不高、长相一般、家庭贫困，但她脑子灵活，善于识人，这就是她的闪光点。

有一天，她去一家公司拜访时，传达室里传出朗朗的英语读书声让她感到好奇。就这样，王雨菲走进去和这位名叫解铭的外地农民工亲切交谈起来。当时的解铭只是初中毕业，月收入300元，但王雨菲觉得他将来一定会成为自己的客户。

王雨菲经常帮助解铭找资料、找工作，以至于解铭感激地说，将来他成功了，一定要拿出一半家产来买她的保险。

2000年12月，从美国培训结束归来的王雨菲，接到了解铭打来的电话，说他占股份的网络公司已经在香港科技板上市，他的个人身价也已经高达75万美元，按照当初的承诺来买她的保险。就这样，解铭的这笔保额102万元人民币的业务成了该公司当年在中国大陆地区最大的一笔个人寿险保单。

王雨菲在随后不久解铭举行的婚礼上接到许多名片，对方纷纷表示早就听说过她的故事，愿意和她合作，并且告诉她要带一份空白保险协议书，方便签约。

到如今，23 岁的王雨菲已经成为这家外资保险公司在东北地区的业务总监，是该公司在全球几十家分支机构里同类职务中最年轻的。凭什么？就凭她善于识人、相人！

孩子一旦有了突出的优势，以后就不愁会有良好的发展。